U0145418

企業培訓實務

探索學習的
第一本書

吳兆田 編著

The Practice of Adventure in Business

五南圖書出版公司 印行

感 謝

原本以為，完成這本書，是實踐自己在探索學習領域的一個夢想，

但反覆細讀後，卻發現，這才是真正的開始……。

謹以此書，獻給我的老婆，怡吟，和剛出生的女兒，巧歆，

以及我最親愛的家人。

www.adventurematters.com.tw

　　「坐著聽二小時的課，不如一起流 20 分鐘的汗。」友達自 2001 年開始舉辦營隊活動迄今成為友達的年度盛事。為此，人力資源處人才發展部還因而改組成立「團隊發展課」，吳兆田是我們首任「團隊發展課」的成員，後來拔擢為「團隊發展課」副理。

　　友達的人力資源處在選、用、育、留、展的策略上首重「創新」。2001 年聯友與達碁合併時，接獲李焜耀董事長的指示，需消彌「聯友派」及「達碁派」這種狹隘的關係，分享共同的經驗與歷史。因此，人力資源處即開始積極籌辦營隊活動。當時從一根鐵釘開始，2001 年 9 月 1 日聯友及達碁約 50 幾位主管齊聚在新竹總部的訓練教室，從「一根鐵釘」開始融入在一起。12 根 12 公分的鐵釘是否能放在一根直立的 12 公分的鐵釘頭上，且無須任何外力，並能保持平衡，這中間充滿了「可能」與「不可能」。許多人覺得，「不可能」，但更多的人覺得「可能」。觀察員從團隊中發現團隊會自然形成一種氛圍，那就是——到底是「可能」還是「不可能」。最有趣的現象是，官位大、職稱高的、年資最長的，不見得會在活動中發揮其價值。成員必須廣納他人的意見，尋找出最佳解，即使是團隊中最年輕的、最微小的聲音都要尊重，因為任何人所提出的答案，都有可能是正確的答案。這「一根鐵釘」的活動讓友達人瞭解「Mission Impossible」等於「I'm Possible」。

二家公司合併那年，可以說是光電產業最寒冷的冬天，報紙頭條每天披露的是虧損 50 億元俱樂部的液晶面板公司有哪幾家，當時選擇「合併」是為了「取暖」，友達的未來也充滿了許多的「可能」與「不可能」。經過這五年來的努力與淬鍊，友達人證明了所有的「可能」。現在的友達，已是全球面板業的前二大製造商，緊追三星並立志挑戰世界第一。而所有的「可能」與「不可能」，皆是由一根鐵釘開始。

　　如果說友達的文化以及其本質是什麼？從根本上來說，我會說友達的文化就是一個「團隊探索文化」（Team Adventure Culture）。合併廣輝後，友達全球員工人數達 42,000 人，在台灣北起林口經過桃園、新竹到台中；在中國大陸從上海、蘇州到廈門，總計有 6 個製造基地，30 座工廠。海外據點延伸至歐洲荷蘭、美國、日本、韓國及新加坡。錄用 12 種國籍的員工，年營收達 USD 10B，是一家大型的、跨國性高科技公司。而其歷史，如從達碁起算不過 10 年，與聯友合併後的五年更快速成長，而要成為一家年營收超過千億的公司並涵蓋 5 家關係企業，形塑員工成為高績效團隊，就非得要激發起員工創業的熱情不可。

　　相同的情境，TFT-LCD 產業劇烈的競爭態勢，隨時都在挑戰人類的本能極限，像本書的開頭第一句話所說的，「為什麼非要冒險不可？！」（Why Adventure?!），因為人生若不曾做任何的冒險嘗試，將一無所有。在友達只要參加過營隊的人，人人耳熟能詳的一句話就是：「若想要安全無虞，去做本來就會做的事，若想要真正的成長，那就要挑戰能力的極限，也就是暫時地失去安全感……所以，當你不能確定自己在做什麼

時，起碼要知道，你正在成長……。」

　　所以每年的營隊活動是友達的盛事，也是友達光電公司人力資源處的重頭戲，參加對象涵蓋全體直、間接員工，廣度擴及兩岸五地，最高紀錄一年曾辦超過150場的營隊活動。而人才發展部自2001-2006年推行營隊以來，絞盡腦汁創新活動時就發現，所有探索活動我們都執行過了，台灣非常欠缺相關方面的中文資訊及人才，這次得知兆田願意將其所研究的理論架構及企業操作的實務經驗，分享給國內的朋友，真是非常高興，也樂觀其成。我在拜讀其大作後發現，相關的理論架構非常務實完整且深具內涵。探索教育、體驗學習，如果沒有內涵與架構，將流於一般的團康遊戲或會議、訓練前的ice breaking。引導者如果不具備深刻的人生體驗及產業經驗，將無法在引導討論（debriefing）中讓團隊成員激發內部的共鳴。

　　我鼓勵更多的年輕朋友加入探索教育的開發及學習，但這就像MBA課程，一樣需要理論也需要實戰經驗，當您從本書中學得理論後，不妨走進企業或學校實際去操作、企劃與執行。就像友達光電2004年在溪頭舉辦的營隊活動一樣，引導者拿出一個蟠龍花瓶要大家討論花瓶要怎麼樣才會破？台下的人七嘴八舌地說了各種方法，約莫三分鐘後大家把能講的方法都講完了，引導者就說：「花瓶還是沒有破呀！」突然有位同仁衝上台，拿起花瓶重重的摔在地上，花瓶破掉的聲音迄今仍鏗鏘有聲，讓人印象深刻，瞬間大家都明瞭友達光電所強調的「執行力」是什麼了，引導者不需要再說什麼，任何人都知道「信心，若沒有行動就是死的。」友達人就是這樣，知道沒有「不可能」也不是只有「光說不練」，唯有知、破、立，才能

行，而這正是變革管理的一環。

祝福您 "Enjoy your adventure tour starting from this book"

友達光電　人力資源處協理

林瑞娟 謹識

2006 年 8 月

AUO Corp. Human Resource Division Associate Vice President

Sherry Lin

推薦序

　　敝人在台灣接觸過很多從事「冒險學習」（或稱探索學習，翻譯自英文 Adventure Learning 一詞，我喜歡直譯為冒險學習，因為較有原味）領域帶領與從業的引導師，皆為活力充沛，且年輕有為，與學體育的我非常投緣，其中兆田君更為敝人所欽佩與欣賞的專業典範，因其不但擁有清華大學碩士的豐富學術背景，更是台灣唯一能夠說服大型企業將「冒險學習」成為人力資源培訓之專責單位的推動者，今聞兆田君要將個人多年的實務經驗整理出書，承蒙他的盛情，樂為寫序推薦此一難得的佳作。

　　本書分為三篇，分別從理論、實務與發展等三個階段來鋪陳，從閱讀或初學者角度來看，不但兼具由簡入深及理論與實務兼具之學習與吸收上的優點，且本書並非各個章節分開獨立，而是作者將其多年的臨場訓練或實務經驗經過整理與邏輯安排下的整體結晶。細讀完後，不但對其中有關冒險教育的發展歷程中的關鍵的人、事、物有更清楚的認識與了解，更對此一領域的現況發展與潛在未來有更高的期待。從閱讀本書之後的感受中，敝人體會到作者相當用心鋪陳三個篇中的特色：

　　第一篇「背景與理論基礎部分」：作者並非只是介紹性的說明，而會將其實務經驗以對話方式來進一步驗證理論在實務上的可行性、困難問題與解決之道，充分表達與論述。

　　第二篇「實務與反思部分」：作者從冒險學習的開放式架

構在面臨接近封閉與營利目標導向的企業文化之矛盾與衝突下，仍然以非常充實與豐富的實務經驗，提出了具體清楚的運作與介入技巧跟實際做法，也就是在可做與不可做之間提出了一條中庸之道，從這一篇裡完全可以看出作者在此一領域之功力雄厚。

第三篇「進階與發展」：此篇作者提出了經營此一領域邁向成功之路發展必須具備的觀念、原則與實際做法，經由其多年工作場域的冒險學習帶領經驗，與個人不斷充實進修有關管理領域的觀念知識，經由經驗與知識整合後，所建議的創業方向與經營策略。

這樣一本如此令人激賞與實用的書籍，不但適合當入門的教科書，因為其簡單明瞭的敘述邏輯，讓初學者容易理解，也適合此一領域帶領的專業引導師們當作工作手冊，因為其中有包含上千場次與上萬人次的實務建議，供從業者引以為例，值得為大家推薦此書。

台北市立體育學院休閒運動管理學系　副教授
薛銘卿

推薦序

　　懷抱著一顆期待又驚羨的心情，拜讀完兆田所寫的《探索學習的第一本書：企業培訓實務》，想用「認真、仔細、用心」來形容這本實務手冊的內容。個人從事探索教育、體驗學習事業，今年剛好滿十年，這十年來大部分的資料都是來自美國的原版資料。一方面是美國的這類資料已非常豐富，令個人已經非常滿足，另一方面這些年一直忙於辦訓練，拓展台灣、大陸探索教育的活動，並沒有多餘的能力將這些資料全面中文化或整理出版。今天看到兆田能花時間將他自己認真參與、學習、研究的探索學習心得整理出版，真是令我佩服。

　　這本培訓實務手冊，不論是從探索學習的理論架構、所舉的實務案例，以及所整理的個人帶領心得，或者是他自己提出的實務操作見解，都非常精闢入理，而且文筆簡潔有力，令人讀來頗有感同身受之實。如果是有興趣從事這項引導工作的朋友或者企業的內部講師，讀起來一定更有提升引導能力的價值。

　　兆田多年來從探索學習的參與者到實際帶領者，不僅受過許多國內、外大師的指點，更有許多業界及企業內的實務經驗，實在難能可貴。尤其是我所認識的兆田，是一位好學不倦的讀書人，因此對他而言，吸收國內、外的學術知識及實務經驗更是容易，因此這本實務手冊到處可以看到他「仔細、用心」的一面。

　　探索教育、體驗學習，這十年來在台灣及大陸日漸盛行，

而且不論是外商、台商及許多大陸本地企業，甚至政府機構及學校等非營利組織也大量採用實施，因此這類探索學習的引導員也逐漸增加起來，但是如何培養及訓練這些引導員，就成了這項教育產業的重要議題。而兆田願意認真將他的實務經驗及心得整理分享給大家，這真是一件令人讚賞的事。相信大家可以從這本書中，得到滿意的答案。不過誠如探索學習的一項特色「體驗是最有效的學習」，各位引導員在參考這本實務手冊的同時，也應該著手安排並實際操作自己的探索學習課程，以符合「做中學」的實際精神。將這套高學習價值的探索學習課程（或方案）發揚光大，以協助所有參加者能有正向的改變。

很榮幸有機會幫忙兆田寫這個序言，並鄭重邀請所有對探索學習有興趣的引導員、顧問師、教師及企業界的人力資源朋友們，在看完這本書後，能一起推薦這本有價值的《探索學習的第一本書：企業培訓實務》。

團隊發展股份有限公司（TA）　執行長
台灣外展教育中心（Outward Bound Taiwan）　執行長
中華探索教育發展協會（CAEDA）　創會理事長
廖炳煌
謹識于龍潭渴望學習中心
2006 年 9 月 5 日

緣 起

當一些相識多年的好友，
得知我想寫這本書的時候，都
表示同樣的好奇：「這是你的
Know How，難道你不怕同業的
競爭？」雖說如此，筆者最後
還是選擇將這幾年的研究與實
務經驗整理出來，與大家分享。
原因有二：

一、國內相關資訊嚴重不足

首先，應先讓大家了解資
訊不足的狀況。國內相關資訊多半是十年多前，相繼由個人、
企管公司、民間機構、基金會等有心人士，自行前往一個位於
美國的非營利機構——美國探索專案訓練機構（Project Adventure,
Inc，簡稱 PA）參加其所舉辦的各種公開班課程，並將相關的
英文資料及書籍帶回台灣，除了 PA 的公開班課程外，也有許
多人赴美參加一年一度由美國體驗學習協會（Association for Ex-
periential Education，簡稱 AEE）所主辦的國際體驗學習研討會，
並將相關資訊帶回國內。國內的資訊當然還有來自國內外其他
相關機構所舉辦的課程及會議，在此筆者便不再一一贅述。這
些前輩們的學習經驗與資料，便成為日後體驗學習課程服務及
推廣的重要依據。

　　至於學校教育，目前只有少數幾個學校針對體驗學習開設相關課程，如：國立林口體育學院、台北市立體育學院、國立東華大學、國立師範大學、文化大學等，由於相關資料多為原文，受訓的對象也多為運動休閒管理、觀光管理學系的學生，以及未來教育下一代的學校教師。相較之下，對於工商企業及人力資源部的專業管理人員而言，這些珍貴的教育資源，無法精確而有效地解決他們當前所面臨的問題。

　　不論是身為外部的專業引導員，或是在公司內部擔任管理者，筆者在規劃及管理體驗學習課程活動的過程中，可以明顯發現，由於體驗學習相關專業資訊的嚴重不足，導致不論是企業內人力資源部的管理規劃人員、外部的企管顧問公司，甚至是坊間提供體驗學習課程的講師，對於體驗學習的認知有限，甚至有很大的出入及解讀。或許是因為對體驗學習背後的發展歷史以及它的哲學理論背景不夠了解，導致大家在其實務應用上，有時會出現瓶頸，自然限制了體驗學習可以揮灑的空間，如：將體驗學習活動看待成暖場的團康活動或單純的闖關遊戲；將一些具挑戰性的高空繩索活動及登山戶外冒險當成單純的團體激勵活動或員工旅遊等。筆者相信每一位參與者對於這樣的規劃，都會感到刺激且新奇；但若您有清楚且明確的活動目標，體驗學習課程活動絕對可以為您的工作、團體及組織，創造出更多的運用與價值。

　　再例如：當您在帶領團體進行活動的時候，是否曾經感受到一股來自參與者的壓力：「你到底想要告訴我什麼？為什麼要做這個活動？這個活動設計背後的目的為何？到底有沒有標準解答？」或是您的參與者選擇觀望與沉默，甚至挑戰您的中

立性與動機；面對團體時，您提問了許多開放性的引導問題，但總是感覺他們在外圍繞圈圈，並未觸及主題核心，當然這也影響了客戶對您的信心。此外，您的課程活動的順序安排多久沒變了？您是否一直以相同的課程，運用在同性質但不同的團體身上？是否您在帶領團體時，心裡也曾自問：「難道這些活動只能做這樣的操作嗎？」

就企業培訓成本的角度來看，引導員的挑戰永遠是時間，您的客戶一定希望能在最短的時間內，解決團隊的問題，建立團隊，讓主管及員工理解並接納企業高階主管的理念，形成該公司的企業文化。如何在國內有限的資訊及客戶期待的時間內，達到客戶的期望，相信是引導員的一大挑戰。

二、真理，必須從分享開始

對於真理（Truth），西方有句諺語：「真理，存在於你我的對話之間！」（Truth comes from the dialogue），對於人生、家庭與情感，筆者堅信：「快樂，直到分享才有意義！」這也是為何筆者願意將這幾年的經驗，集結成這本書，與您分享。

體驗學習吸引人之處，不只是因為它來自西方，提供了新穎、有趣、有創意並且有效的學習情境，更重要的是，當筆者在這十年間，將它的價值觀與哲學，實踐在自己的生活、家庭、工作、團體及組織內時，真的感受到它的作用，進而更加地了解及認識自己。筆者這些年除了出國進修外，亦大量研讀國外書籍及收集研究文獻，所下的功夫，好比自修碩博士學位。

這本書的主要內容，為筆者這十年來的研究及實務經驗，並希望在華人的體驗學習領域，投下一顆小小的石頭，將個人

所得的資訊中文化，與您分享！希望看完這本書，能讓您對將探索學習運用在企業培訓的領域中，有更深的一層認識。

吳兆田

2006 年 5 月 14 日

關於這本書……

在各位翻閱前，必須先向各位讀者說明，這本書是一本將國外的一些資料以及個人的經驗加以整理編著的工具書，提供各位作為參考。

本書分為三大部分：背景與理論基礎、實務與反思，以及進階發展。其中的哲學與理論又以美國探索專案訓練機構（Project Adventure, Inc，簡稱 PA）為主要架構加以延伸，書中後續章節，亦會簡單介紹此非營利訓練機構。

第一部分，背景與理論基礎（Framing），主要學習重點為：

- 認識探索學習發展的歷史背景及相關機構。
- 了解探索學習之基本哲學與價值觀。
- 了解探索學習的理論基礎與架構。

第二部分，實務與反思（Practice and Reflection），主要學習重點為：

- 認識探索學習如何影響團體（團隊）。
- 學習如何評估客戶需求以及欲達到的目標。
- 學習如何規劃及管理你的設計與提案。
- 了解探索學習課程活動的帶領者（引導師），所需扮演

的角色，及應具備的態度與能力。

• 學習如何執行並管理課程活動與團體學習狀況。

第三部分，進階發展（Advanced），主要學習重點為：

• 學習如何成為一個成功的探索學習規劃管理者。

• 了解從規劃到執行可能會遇到的困難與挑戰。

• 學習如何提升團隊帶領及引導技能。

Why Adventure?！為什麼非得要冒險不可？！

To laugh is to Risk ...
To laugh is to risk appearing the fool,
To weep is to risk appearing sentimental,
To reach out for another is to risk involvement,
To expose our feelings is to risk exposing our true self,
To place your ideas and dreams before the crowd is to risk loss,
To love is to risk not being loved in return,
To live is to risk dying,
To hope is to risk despair,
To try at all is to risk failure,
But risk we must, because the greatest hazard in life is to risk nothing.
The man, the woman who risks nothing, does nothing, has nothing, is Nothing.

盡情歡笑，卻擔心顯得單純幼稚
放聲大哭，卻擔心顯得多愁善感
伸出援手，卻擔心受到牽連
真心分享，卻擔心暴露了真實的自己

毛遂自薦，卻擔心不被採納甚至利益受損

勇敢示愛，卻擔心一廂情願
活在當下，卻擔心未能有所成就
滿腹希望，卻擔心傷心失望
全力以赴，卻擔心挫折失敗
但這些都是人生必須經歷的風險

一生最大的遺憾就是——不做任何的冒險嘗試
人生若不曾做任何的冒險嘗試，也將一無所有

By George Asyley ／吳兆田　譯

「玩遊戲、做活動，真的可以有學習嗎？！」「別把時間浪費在遊戲上！」正當人們質疑的同時，體驗學習（Experiential Learning）正引領著一波又一波的風潮，顛覆著傳統的教育訓練思維。正如一位匿名作者的一段文字：「若想要感覺安全無虞，

去做本來就會做的事；若想要真正的成長，那就要挑戰能力的極限，也就是暫時地失去安全感……所以，當你不能確定自己在做什麼時，起碼要知道，你正在成長……」。體驗學習的進行方式，有時的確令人們對它感覺焦慮，沒有安全感。

有別於過去「講授式」教學法，針對一些抽象、難以描繪的主題，探索學習（Adventure Learning）藉遊戲活動所創造的具體經驗，透過引導與深度匯談的過程，帶領參與者沉澱反思，深入地領悟體會，進一步將萃取出的結論概念，應用於真實工作與管理現場，產出解決方案，改善流程，增進公司競爭力。

探索學習（Adventure Learning）究竟有什麼樣的魔力？！以探索學習為主軸的企業培訓應具備哪些特質？足以讓參與者在不知不覺融入沉浸在團隊融洽的學習氣氛中，令遊戲活動產生學習價值，促使參與者進行學習，甚至行為的改變。

美國冒險專案（Project Adventure, Inc，簡稱 PA）出版的《*Adventure In Business*》①一書中特別提出，並特別解釋了，為何探索學習有如此的價值──I. M. M. E. R. S. I. O. N.（Interactive, Meaningful, Mirthful, Experiential, Risky, Supportive, Introspective, Out of Box, Natural）。

互動性（Interactive）

探索學習活動強調每位成員的參與及分工合作，迫使團體進行互動討論、問題解決，進而找到更有效的方法、流程及策略。以進行「星際之門 Star Gate」活動為例，所有成員必須通過呼啦圈，手必須緊緊牽在一起，若身體的任何一部分碰觸到

呼啦圈，所有人必須重來。這是一個團隊初形成時的好活動，也是我最喜歡的活動之一。參與成員開始針對目標任務，討論可行的方法，間接地認識了解團隊裡不同的想法及價值觀，找出可行的方式，達成任務。在不斷互動的過程中，團體中彼此的信任，也會因此逐漸形成。

具學習意義（Meaningful）

只有玩樂，沒有意義的學習活動過程只會浪費時間。除了引導師事前的周延設計引導外，探索學習邀請參與者，投入更多的心力與承諾在活動進行及討論分享過程中，跟隨著引導者的帶領，與實際工作生活產生連結，如此一來，「星際之門Star Gate」中的呼啦圈不再是呼啦圈，而是工作生活中的「目標」與「挑戰」。透過有效地活動設計與引導，讓當下的具體經驗產生意義。

有趣性（Mirthful）

有趣輕鬆的情境有助於學習效益。一群工程師圍坐在訓練教室的地毯上，熱烈的討論著：如何將 12 根 12 公分的鐵釘放在一根直立的 12 公分鐵釘頭上，且須在無任何外部力量介入的條件下，保持平衡。他們正在經歷「問題解決」的學習過程。30 分鐘後，「ㄟ／！」代表著勝利的呼喊聲，突然間充斥了整間教室，開心地四處宣揚他們的豐功偉業，這群工程師發現了解決方法！更重要的是，他們分享了尋找答案的過程，和不斷地檢視問題、分析問題的經驗，以及在工作上的啟發。

探索學習的課程活動以有趣及富挑戰性為基本元素，有趣

的活動一方面創造團體活潑學習氣氛，另一方面亦能激發人們嘗試挑戰的動機。有別於一般講授式課程，一天的體驗活動讓參與者置身有趣、聚焦及彼此互動安全信任的環境中，以開放的心胸，彼此腦力激盪、溝通釐清，找出真正屬於參與者的解決方案。有趣且具誘發動機的氣氛是探索學習的基礎。

以具體經驗為基礎（Experiential）

自古以來，「做中學」的概念影響著人們的學習發展。透過對「經驗」的反思察覺，發展出一套更有效的想法及解決方案。但有時，透過真實經驗的代價太大了，可能是一場意外，或是一筆損失，這樣的學習稱不上「有效率」。探索學習即是透過情境的模擬，藉團隊共同的具體經驗，經過反思察覺，與現實連結產生意義，進而討論未來可行的想法或做法，即使失敗，它的代價也不至於太大，「再來一次！」罷了。探索學習著重在提供及塑造出一個貼切的團隊共同經驗，沒有體驗，就沒有學習。

這樣的操作手法，其關鍵在於如何讓參與者，將課程活動之具體經驗與實際工作運作「掛勾連結」（Hook），即便是最初的任務簡報、規則說明，若能設定適合的情境劇本，都可以讓參與者的思緒開始與其經驗產生連結。

冒險與挑戰（Risky）

Growth is a never-ending process that can be accomplished under the most adverse circumstances.

Growth can be achieved from one's attempts to ...

"Go for the perfect try."

—— *Sarah Smeltzer and Joe Petriccione*

　　一位經理人站上了一根高 15 公尺的木柱，沒有任何支撐物可以讓他保持平衡，他需要跳出去抓住離他約 1.8 公尺的一根橫桿（他正在進行一項繩索挑戰項目「Pamper Pole」②），團隊成員在地面為他確保並支持著他，經理人站在上面猶豫了許久，直到他願意為未來的挑戰「放手一搏」，奮力跳出……最後，這位經理人並未抓到這根橫桿。回到地面，所有夥伴向他表達祝福與鼓勵，因為他已作了最完美的嘗試。抓到橫桿、達成目標固然是件令人興奮的事，但更重要的是，願意嘗試挑戰的意願。

　　冒險與挑戰讓人們嘗試著超越自己的安全地帶，跳脫過去舊有經驗及價值觀，進而接觸新環境、學習新經驗新思維。探索學習歷程中，挑戰有二個構面：心智（Emotional）及體能（Physical）上的挑戰。

　　心智上的挑戰，是指針對參與者面對問題、困境時所抱持的態度與想法，探索學習鼓勵參與者自發性地嘗試面對挑戰，結果如何、參與者有沒有抓到那根橫桿，並不是我們要探索的重點，重點是參與者是否願意冒險突破自己的安全界線，接受新挑戰，如同這位經理人願意突破第一道安全界線，嘗試參與這項挑戰項目，爬上 15 公尺高的木柱；站在木柱上方，又再度突破第二道安全界線，跳出去試圖抓住橫桿。這樣的動機事實上可以被類推轉移至許多工作生活現場，以極小化「失敗：沒有抓到那根橫桿」代價，帶來極大化的「無限可能：願意冒

險突破自己的安全界線，接受新挑戰」。

　　高標準的安全設定維護著每一位參與者的體能挑戰，除此之外，團隊成員彼此間的關心與安全上的提醒，亦是團隊建立過程中極需發展的一個重點，故探索學習引導師所需具備的職能，除了安全認知與技能外，也必須培養對安全的高標準及高敏感度。

信任與支持（Supportive）

　　探索學習創造安全信任、彼此支持的氣氛環境，在情境之下，參與者更願意彼此互動、討論分享、發現新思維、產生學習與改變。事實上，這種信任支持的氣氛，同時也是參與者期望在真實工作生活中可以感受，甚至積極營造的互動情境，促使部門或團隊成員以更和諧及有效的方式合作，解決問題，產生績效。值得一提的是，探索學習的情境下，透過察覺，往往會意外地發現，團體成員彼此在真實工作現場之外，當扮演不同角色時，也有彼此不為人知的新潛能，進而促進未來變革的新可能。

內觀察覺（Introspective）

　　探索學習培訓的引導過程帶領團體及參與者面對過去，察

覺自我，檢視個人認知、價值觀、行為以及對團體的影響力。雖然探索學習活動的情境與實際工作現場有所出入，但經過依其需要而設計的活動流程與引導，團體中每個人對彼此之間所產生的團體動能影響力，卻會不斷的出現在體驗活動的過程當中，透過察覺，讓彼此發現新的可能性與學習。探索學習的過程，即是自我察覺的過程。

跳出框框創新思維（Out of Box）

如同企業運作流程，不斷地講求創新流程、產品，讓客戶滿意，維繫與顧客良好關係，探索學習企業培訓提供團隊許多問題解決活動，一起腦力激盪，藉深入的引導與討論分享，帶領參與者一步一步地澄清工作上組織內部與外部的運作與關係，激盪出新的創意與新思維。有時候，繁重且規律性的工作生活，會不知不覺讓思考限制在舊有的經驗範疇之中，無法跳脫，限制新的發展。探索學習許多活動的設計與帶領，試圖讓參與者保持「跳出框框」的創意思維。

「跳出框框」的意義不只是帶來創意與新思維，更重要的是，讓參與者藉由一系列的活動與引導覺察，跳出過去的成功經驗框框，產生新的認知與新的作為，面對現在與未來的挑戰，進行變革，進一步為他們的組織帶來競爭力。

自然發展（Natural）

探索挑戰是一段具生命力的發展過程，不同的團體、不同的活動、不同的地點及時空，都會激盪出不同的團隊展現，無法重複複製。從暖身活動及破冰活動，經歷運用器材的問題解

決活動、溝通互動，藉 精準合宜的領導與討論 分享……，肯定接納每 一位參與者的想法與價 值，更尊重團體自身的 共識與想法，講求自然 發展。這其中，如何帶 領團體朝向問題解決與  學習目標邁進，即是探索學習設計者及帶領者需要學習的重點。

「IMMERSION」（沉浸），如同探索學習的過程，讓團體 與參與者沉浸在學習互動的情境中，將培訓過程中所啟發的新 學習，轉移到未來的實際工作現場。這樣的學習過程，深刻思 考、高度理解、活潑創意、客製化，這便是探索學習於企業培 訓的重要價值。

注 釋

① Ann Smolowe, Steve Butler, Mark Murray, & Jill Smolowe, *Adventure in Business*（pp.5-19）, Project Adventure, Inc., Pearson Custom Press.

② 「Pamper Pole」是一項極為挑戰的高空項目，參與者必須爬上約 15 公尺高的木柱，並且在沒有任何支撐物讓他保持平衡的情況下，站上木柱的頂端，最後，試著跳出去，抓住離他約 1.8 公尺的一根橫桿。發明這個活動的人，卡爾朗基（Karl Rohnke），有一次談到一位女士決定進行這個挑戰，當她奮力的爬上木柱後，在相當恐懼的情況下，試著跳出去，抓住橫桿，但並未成功，等她安全地回到地面時，才發現她因為極度的恐懼而尿濕了褲子，但這位女士卻十分大方地面對團體和大家分享：「如果你要進行這個活動，記得穿上尿布（Pamper）。」為了強調探索學習注重的是參與者願意嘗試冒險的企圖心，而非活動的成敗與否，於是將這個活動命名為「Pamper Pole」。

目 錄

1 背景與理論基礎（Framing） 1

2 實務與反思（Practice & Reflection） 69

1

背景與理論基礎

（Framing）

第一章

探索教育體驗
學習簡介

什麼是 Adventure 冒險探索？

　　記得十年前，當「Adventure Education 探索教育」一詞出現在人們眼前，十個人裡面有九個會對它持「警戒」的態度──「學習，需要那麼危險嗎？」；另外一個人則保持「懷疑」──「這有用嗎？」。十年後更為開放的今天，即便聽到這個名詞，仍然有許多人對它望之卻步。一點都不誇張，一直以來，周遭許多家人、朋友甚至客戶，都不太清楚我到底從事什麼樣的行業，有一回與幾位北部某大學的教授一同用餐，他們不免對我的專長與工作有許多的好奇。這些老師紛紛提問了一些疑問，試圖弄清楚我到底是做什麼的？教了學生哪些東西？但當提及「Adventure 冒險探索」時，其中一位老師立即回應了「那不是很危險嗎？」，其他人不約而同地以附議的眼神注視著我，試圖

得到一個可以讓他們感到安心有安全感的回答。

我想這並不是資訊缺乏的緣故，而是與國情文化有關，畢竟，「冒險精神」是西方國家（尤其英國及美國）特別的文化特性之一，雖然大家都看得懂「Adventure」這個字，但由於東西方文化不同的情況下，對這個字當下的認知，會有很大的差異，對我們而言，必須作許多詮釋，才能更了解它真正的內涵與精神。更何況，當「Adventure 冒險探索」與「Education教育」連結在一起的時候，更需要解釋，讓社會大眾對「Adventure Education 探索教育」有完整的理解與認知。

首先，我們先從什麼是「Adventure冒險探索」開始。「Adventure 冒險探索」有五個很重要的條件，包含：多元性結果（Uncertain Outcomes）、具風險（Risk）、不可預測因素（Inescapable Consequence）、激勵作用（Energetic Action）及自發性的參與（Willing Participation）①。

多元性結果（Uncertain Outcomes）──不會有唯一的答案！

學習的目的在於不斷改變，以適應外部多變的環境，不論參與者是成人還是孩子。回想過去，我們所受的教育與訓練，如果讓我們的孩子接受相同的環境，可能無法適應現在高科技掛帥的世界，記得上了國中才開始學英文和電腦；但現在的孩子，學齡前已經開始會說簡單的生活美語，到了國小，用電腦 Google 資料寫報告或寫一份個人

網頁可能是他的作業之一。面對不同的狀況與環境，會有不同的想法與解決方式，我們要讓參與者感受的是，許多問題不會只有唯一的答案，端看參與者如何面對困境，解決問題，發展其自主獨立思考的能力。

「Adventure 冒險探索」活動便創造了這樣的環境，例如，戶外的活動如：攀岩、獨木舟、登山健行、定向定位活動等；而室內的活動如：科學實驗、勞作、讀書報告等；其他活動如：高低空繩索活動、問題解決活動、溝通活動、信任活動、社區服務等。這些活動情境都提供了開放多元的環境，讓參與者面對不同的狀況，適度地改變調整自己，更積極地面對與適應挑戰與困境。

具風險（Risk）──人生就像在獨木舟在溪流上航行，可以有清楚的目的地，但永遠不知道過了這個彎，下個會是什麼？可能是平靜的水域，也可能是二層樓高的落差。人生，原本就存在許多風險⋯⋯

「Risk風險」除了大多數人所認知的，可能造成生理上傷害的可能性之外，其實還包含了對參與者情緒、精神及人際關係上傷害的可能性。當然「Adventure冒險探索」活動並非讓參與者完全暴露在高風險的狀況下，「Adventure冒險探索」活動管理者必須做好完善的風險管理。首先，必須確保參與者生理上百分之百的安全，在進行戶外活動時，必須檢視準備工作是否完備，以及參與者是否擁有對

危險的覺察與處理能力，例如：從事登山健行活動，計畫是否考慮周詳？裝備是否齊全？參與者對於整個行程是否了解？對於即將經歷的長途健行、露營、炊事及可能會發生的狀況是否有完整的認知？參與者的技能是否足以面對這樣的活動等。當活動管理者確認參與者生理上百分之百的安全後，進一步適當地管理參與者情緒、精神及人際關係上的風險。

「Adventure 冒險探索」活動適度地保留一些風險，讓參與者面對與解決。再例如，在一次長程登山健行活動中，將一群不同個性喜好的學生編成同一組，他們得生活在一起，一起活動，一起分工炊事……他們沒有生理上的危險與風險，但他們即將面臨的「風險與挑戰」則是「如何接納彼此，找到相處之道」。如果沒有任何風險與挑戰的空間，參與者在當中不會有任何學習，因為他從一開始便能掌握狀況，不需要學習或改變任何一件事。

不可預測因素（Inescapable Consequence）──天有不測風雲！

就「Adventure 冒險探索」活動而言，有許多不可預測因素，分別來自環境和人。環境的部分比較容易想像，午後雷陣雨、颱風、步道不明、下雪等，當然這些狀況都提高了冒險探索活動的風險，相對的，也提高參與者對未來不確定環境的警覺心與覺察；第二，人的部分，參與者必須覺察一件事，千萬不要認為你了解別人在想什麼，以

及他的感受！在團體活動過程中，每一位參與者的情緒與
關係是互相牽動的，有時候會不小心「踩到地雷」或產生
「風暴」。

激勵作用（Energetic Action）——A-Ha! Yes!

「Adventure 冒險探索」活動必須具備激勵的元素，
讓參與者感到興奮，啟動參與者的動機，願意花更多的能
量與時間來進行活動，進而讓自己得到成就感與自我認
同。成功的活動帶領者，會讓活動一開始看起來有趣簡
單，但卻充滿挑戰；缺乏經驗的活動帶領者，讓活動一開
始看起來極為困難，但實際上，卻只是簡單的活動。

自發性的參與（Willing Participation）——「人喜歡改變，但不喜歡被改變！」[2]

成功的「Adventure 冒險探索」活動非常重視尊重參
與者自發性的選擇，所以，為了讓參與者學習成長，冒險
探索活動必須擁有高度的吸引力，如：有趣、新穎、具挑
戰性等。參與者自發性的選擇與決定，將增進其對經歷後
經驗的反思與學習。

從這幾個構面來解析「Adventure 冒險探索」活動，
不難看出其教育學習的價值，當然，其中的風險是存在
的，相較於傳統學校教育，「Adventure Education 探索教
育」的確創造了截然不同的學習成長情境。從探索教育看

「Adventure 冒險探索」，是「有備而來的冒險」，絕非「毫無準備的莽撞」。

「Adventure Education 探索教育」 多元之應用

　　既然我們對冒險探索活動有了進一步的認識，當它被運用為教育學習情境時，過去這幾十年，在美國的應用與發展也相當多元。1995 年美國學者 Michael Gass、Simon Priest、Martin Ringer 及 Lee Gillis 建議將探索教育分為四大類，分別為：休閒（Recreation）、教育／訓練（Education / Training）、發展（Development）、諮商輔導（Psychotherapy）（見表1-1），其中，休閒（Recreation）、教育／訓練（Education / Training）及諮商輔導（Psychotherapy）的應用應該都可以想像，便不再一一解釋。但發展性探索課程（Developmental Adventure Program）的應用比較容易讓大家與教育／訓練（Education / Training）混淆，在此需再多作一些說明。教育／訓練（Education / Training）是以形成與改變個人自我概念或認同感為目的，也包含工作團隊中的個人；而發展性探索課程（Developmental Adventure Program）則著重在二個部分：一是個人部分，即為自我概念或自我認同感的形成與改變；二是人際關係，目的在提升團體或團隊的互動與運作效能。換句話說，不論是個人或團體，為達到特定教育或訓練目的，而發展個人及團體／團隊的

能力或職能（Competency）的課程活動，都可歸類為發展性探索課程（Developmental Adventure Program）。

發展性探索課程（Developmental Adventure Program）的型態相當多元，對象包含了青少年、家庭、企業員工、主管及任何希望提升能力與價值的個人或團體／團隊。至於所運用的活動媒介，包含戶外探險、登山健行、獨處、獨木舟、露營、攀岩、攀樹、問題解決活動、高低空繩索挑戰活動、其他戶外活動等。

表 1-1　探索教育課程應用分類表③

分類	目的	應用說明④
休閒	創造有趣、興奮的氣氛與回憶，以愉悅為目的	·休閒夏令營（Camps）：一般休閒場所或夏令營地，10 歲的男孩在挑戰性繩索活動中，享受幫夥伴確保的樂趣，相互鼓勵，同時思考著如何讓他成功；營地的管理員必須學習運用自發性挑戰的觀念幫助青少年學習真實的面對自己，身為團隊的成員如何貢獻自己的力量及發現自我價值。
教育／訓練	自我概念或認同感的形成與改變	·探索專案（Project Adventure）是美國基礎教育法案第三條的方案，而其冒險方案相當受到青少年的歡迎，目前探索教育體驗學習模式的課程已廣為美國各地公立學校的接受和肯定。它曾經得到美國教育領導者獎，

		並且通過聯合傳播審查小組的審核，因此，探索教育體驗學習在教育的推廣上有其示範作用。
發展	個人──自我概念或自我認同感的形成與改變 人際關係──提升團體或團隊的互動與運作效能	‧親子關係與社區發展（Community Organizations）：一位年輕的非裔女士等著和另一位白人女孩交換越過繩索，兩個來自不同世界的人在高空中找到了相互扶持的力量。社區中由各種不同的文化、成長環境的人所組成，探索教育體驗學習在社區發展中提供了一個連結人心的橋樑。 ‧企業組織及員工：包含營利與非營利組織，探索教育體驗學習在美國、加拿大、歐洲等全球24個國家，幫助過不少工商企業團隊，做過企業整合、企業向心力凝聚、企業團隊合作等教育訓練的方案 。美國Project Adventure, Inc.曾經成功協助IBM、ESSO 石油、APPLE 電腦、CITY BANK、BSA（美國童軍總會）、美國陸軍總部等企業組織領導團隊。
諮商輔導	關於自我管理、人際關係應用於參與者周遭特定對象之學習	‧治療與輔導（Therapeutic Settings）：探索教育體驗學習曾經幫助紐約市的 University Height高中及喬治亞州的Dekalb 社區替代學校，發展出一套針對有犯罪傾向或已犯罪者、殘

障及心理偏差者的教學計畫。探索教育體驗學習也自行發展出一套矯正問題青少年的訓練計畫,並與喬治亞州政府合作在 Newton 郡成立一座彩虹湖學校(The Rainbow Lake School),專門收容那些有社會不適症的中學生。學生先要接受 12 週的治療訓練,接著再受 12 週的追蹤訓練,訓練期間,所有學生都在校區中參與工作及參加這項以冒險活動作為基礎的輔導諮商計畫,並同時啟發學生的社會適應(Pro-social)行為。

探索教育的發展歷史簡介

接者,讓我們來談一談探索教育的發展歷史背景。在過去從事帶領團體以及相關學習的工作中,了解得愈深入,愈會發現其背後的發展背景中,暗藏著許多有趣的哲學與價值觀,深深的影響整個探索教育的形成與發展,在此簡單的介紹幾個重要關鍵的人物、事件及相關機構。

杜威(John Dewey)

首先,杜威(Dewey)為美國公認二十世紀,對民主思想發展有卓越貢獻的哲學家,他在 1916 年出版的《民

主與教育》一書，更是國內外教育領域必讀之大作，書中清楚闡釋他對民主思想以及教育哲學理念獨到的見解。自美國獨立以來，十九世紀末至二十世紀初，杜威延伸其民主思想，認為傳統教育（Traditional Education）以過去既有知識與技能為主要內容，藉由學校的組織系統傳遞給下一代，這背後有一個假設：「過去既有的知識與技能，可以解決下一代成長後所面臨的問題與困擾。」⑤這樣的結果，以教師教學傳遞知識與技能為主，忽略了學習者的個別需求，杜威對此表示不認同。

於是，杜威提出革新教育（Progressive Education），認為新教育（New Education）應該以現在的經驗為依據進行教育，讓下一代學習可以解決他們現在以及未來已經或即將面臨的問題所需具備的知識與能力，而過去既有的知識與技能，只能是過程中的媒介或工具，而不是教育最後的結果⑥。

杜威的理念不但進一步提倡自由民主精神，更開啟了西方體驗教育（Experiential Education）的大門，接著，許多哲學家、教育家及學者，紛紛響應杜威的理念。其中美國哈佛大學教授David Kolb將杜威的理論加上其他學者，如：Kurt Lewin及Jean Piaget的研究，發展出的經驗學習模式（Experiential Learning Model）（見圖1-1），最為著名，同時也廣泛運用在探索教育體驗學習課程實務。

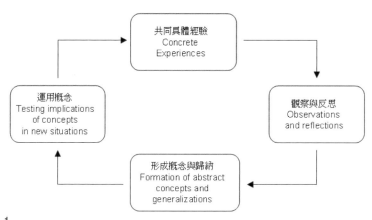

圖 1-1

Kolb 的經驗學習模式（Experiential Learning Model）⑦

柯漢（Kurt Hahn）與英國非營利機構——外展學校（Outward Bound School）⑧

　　前面提到了體驗教育（Experiential Education）的先驅——杜威；而冒險探索教育（Adventure-Based Education）的起源是哪一位哲學家或是教育家，難以考究，但若一定要追溯，英國教育家柯漢當之無愧。

　　1886 年，柯漢出生於德國柏林的猶太家庭，從小柯漢就展現了天生教育家的特質，並且熱愛冒險，當時德國大學的教授，發現德國大學無法協助柯漢實踐他的熱誠與理念，於是，建議他遠赴英國牛津大學求學。1914 年，科漢從牛津畢業後，回到祖國德國，二天後，英國便向德國宣戰（二次世界大戰）。二次世界大戰末期，

柯漢為 Salem Shule 學校校長，與學校創辦人一同宣揚並推動柏拉圖式⑨教育理念，推崇正義、真理與愛，摒棄苦難、災難與爭鬥，許多年輕的德國學生紛紛響應。由於以柯漢為首的 Salem 學校教授及聲援學者，經常與當時德國希特勒政府發生衝突，柯漢成了當時的政治犯，於 1933年 2 月遭到逮捕入獄，此事件，震驚了英國，在柯漢英國牛津大學的朋友及 Salem 學校的聲援下，於當年柯漢被釋放。1933 年 7 月，他離開了德國，前往英國實踐他的教育理念。

二次世界大戰結束，一位柯漢的仰慕者，Holt，同時也是當時英國大型貿易企業（Alfred Holt & Company）的董事，向他提出一個困擾。Holt 發現，相較於年資深的船員，有許多年輕的船員及海軍士官，在航行的過程中，無法面對多變的氣候，容易殉職。於是，柯漢向 Holt 提出了長達一個月的訓練計畫，讓年輕的船員與士官，在執行任務前，接受完整的訓練，課程內容包含：航海訓練與探險、高山野地攀登訓練、地圖指北針訓練、野外求生及社區服務。1941 年，在 Holt 的支持下，英國非營利組織——外展學校（Outward Bound School）正式成立，於 1962年，美國第一所外展學校——科羅拉多外展學校（Colorado Outward Bound School）成立，隨即，外展學校（Outward Bound School）快速地遍及美國各地，包含紐約（New York Urban Outward Bound）。

1965 年，前科羅拉多外展學校（Colorado Outward Bound School）首席教練 Paul Petzoldt，有感於一個成功的

冒險探索課程（Adventure-Based Program）需要更卓越的戶外領導能力，於是離開外展學校，成立了戶外領導力學校（National Outdoor Leadership School，簡稱 NOLS），致力於野外教育與戶外領導力的訓練，包含戶外活動技能、野外技能、領導力、溝通與問題解決等課程。

　　從外展學校以及戶外領導力學校（NOLS）的發展看來，柯漢在冒險探索教育（Adventure-Based Education）所做的貢獻與成就，說他是這個領域的鼻祖，應是實至名歸。

美國非營利機構——探索專案訓練機構（Project Adventure, Inc. USA，簡稱 PA）

　　1970 年，美國的教育者開始有一些改革的聲音出現：
- 能否在高中體能課中，每週安排兩次約 45 分鐘的外展課程活動（Outward Bound Setting）？
- 學生是否能在體能課中，學到如何在團體中解決問題？同樣地，也能在生物課中以團體合作方式上課？
- 學生是否能在他們的社區中，協助某些團體解決問題，在這個過程中，知道針對需求提供服務，並且學到有關價值和社會方面的課程？

　　這些議題，開始在教育領域被一再討論，引發對於採用新教學方法的興趣，包含當時的外展學校⑩。

　　Jerry Pieh 是 Hamilton Wenham 中學的校長，早在 1962 年，當 Jerry 還是位年輕的教育學院研究生時，他已經開始在 Minnesota 外展學校協助他的父親 Bob Pieh，並且參

與部分的活動。因為有了這個經驗，Jerry 對於外展課程（Outward Bound Program）影響與效果，有了很高的評價，他和 Hamilton Wenham 中學的同僚 Gray Baker 共同研發出一份三年的發展計畫，並且將計畫提供給聯邦政府教育部，他們將外展課程（Outward Bound Program）的過程，融入中等學校的教學中，以試著回答上述教育改革聲浪的疑問，他稱這個新的發展計畫為「探索專案」（Project Adventure），以 Hamilton Wenham 中學作為研發及訓練教師的中心。1971 年，便以「探索專案」（Project Adventure）為名，成立一非營利機構 Project Adventure, Inc.，簡稱 PA。

PA 這項發展計畫為一系列創新過程，從暖身活動（Warm-up）、信任建立活動（Trust Building）、問題解決活動（Initiatives / Problem Solving），到低空及高空繩索挑戰活動（Rope Course）。目標有二：視學生為一個團體／團隊，他們將學習更有創意及有效地解決問題；其次是個人和團體／團隊是一體的，必須共同突破層層障礙，以達成一致認同的目標。這個課程運作方式，很快地被不同的科目教師所延用，他們認為，透過團體／團隊合作的策略，不但可以培養學生的合作精神，並且可以不斷地創造學生在學習上的高峰經驗（Peak

Experience），讓學生很快掌握到學習的目標。PA 致力於創新的冒險探索教育課程，期許成為探索教育的領先機構，藉由探索教育，協助個人或組織改變與成長。

　　相較於先前所介紹的外展學校的戶外冒險活動，PA 的特色在於，運用遊戲、問題解決活動及繩索課程，達到教學目標，應用在不論是學校，或是諮商輔導及相關社會工作服務，開創出獨樹一格、極具創意的執行方式，我們常稱為「PA way」。另外值得一提的是，相對外展課程，由於 PA 絕大多數的課程時間較短，為求更有效的團體學習，PA 發展了一個完整的訓練架構：經驗學習循環（Experiential Learning Cycle，PA 參考自 Kolb 的經驗學習模式）、完全價值契約／承諾（Full Value Contract）以及自發性挑戰（Challenge By Choice）等原則及價值觀。PA 的教學過程，以引導反省（Debriefing / Processing）為其核心，目的是讓參與者透過團體活動的具體共同經驗，與真實生活或工作進行連結聯想，進而啟發學習與改變。PA 對引導反省（Debriefing / Processing）的技能研究與實務，一直扮演先驅者的角色，截至目前為止，尚未有任何其他機構可以取代⑪。

　　自 1971 年，PA 開始聘用第一位引導師以來，到 1989 年，PA 已經有 37 位專職的引導師，人員的成長反映了社會對探索教育體驗學習的需求；到了 1996 年，PA 在全美已有 4 個辦公室，共有 120 個全職引導師、180 位兼職引導師，而這其中碩士、博士占了一半以上，因此，PA 也走向更多元化的服務，如：童子軍和女童軍的營隊、酗酒

及藥物濫用處置中心、兒童之家、職業訓練中心、工商企
業團體、各類型態公益團體、委員會等⑫。

　　繼外展學校（Outward Bound School）、戶外領導力學
校（National Outdoor Leadership School，簡稱 NOLS）及探
索專案訓練機構（簡稱 PA）的陸續成立與發展，也促成
美國許多體驗學習機構的發展，如：美國體驗教育協會
（Association for Experiential Education，簡稱 AEE）成立於
1974 年，致力於推廣與分享體驗教育／學習相關實務與
研究；1977 年，前科羅拉多外展學校（Colorado Outward
Bound School）首席教練及戶外領導力學校（NOLS）創辦
人 Paul Petzoldt，為了推動更專業標準的戶外領導能力，
提升冒險戶外活動的安全及對大自然的保育，於是，號召
成立了美國野外教育協會（Wildness Education Associ-
ation），並於 1986 年提出了國家標準訓練課程（National
Standard Program for Outdoor Leader，簡稱 NSP），以技能
（Skills）、領導能力（Leadership）及教學指導（Instruc-
tion）三個構面展開，發展定義出 18 項重點認證課程，提
供更完整的探索教育帶領者養成的訓練課程⑬；美國繩索
挑戰課程技術協會（Association for Challenge Course Tech-
nology，簡稱 ACCT），成立於 1993 年，首先提出了繩索
挑戰課程設施的架設安全標準與作業程序，為探索教育的
硬體設施的安全，提供了更高標準的規範。

名詞解釋

我們談了一些探索教育體學習的發展背景後，各位可能會對一些名詞覺得混淆，例如：

- 是體驗教育（Experiential Education）還是探索教育（Adventure Education）？有什麼差別？
- 是探索教育（Adventure Education）還是探索學習（Adventure Learning）？有什麼差別？
- 那什麼是戶外教育（Outdoor Education）？

讓我用下圖（圖 1-2）向大家簡單說明：體驗教育（Experiential Education）是以體驗／經驗為主要內容的教

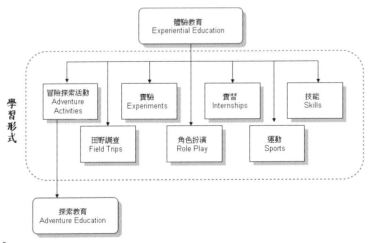

圖 1-2
體驗教育與探索教育比較示意圖

育方式，透過實際的操作與體驗後，能達到最好的教學效果，所運用的媒介很多：包含了戶外冒險活動、田野調查、科學實驗、實習、技能操作、運動練習甚至角色扮演等。而其中以冒險探索活動為主要學習媒介的教學方式，則稱之為探索教育（Adventure Education）。

至於，體驗教育（Experiential Education）與體驗學習（Experiential Learning）有什麼差別？而探索教育（Adventure Education）與探索學習（Adventure Learning）又有什麼差別？坦白說，在實務上是相同的，但在字眼意義上，有些許不同的意涵：教育（Education）──感覺上，焦點比較傾向教學者；而學習（Learning），則比較站在學習者的角度與立場。於是，近十年的趨勢，都習慣是用體驗學習（Experiential Learning）及探索學習（Adventure Learning）。

而戶外教育（Outdoor Education）也是體驗教育的一種，它包含了環境教育（Environmental Education）與探索教育（Adventure Education），除了著重個人與團體的學習外，又包含了人們和大自然環境的關係與保育教育。希望這樣的說明，會讓大家在日後的閱讀與實務工作上，更能分辨其異同之處。

探索教育與品德發展

探索學習（Adventure Learning）之所以在西方國家發展如此蓬勃，必有其原因。不論是杜威還是柯漢，他們的

理念，其實都深受二千多年前西方哲學家——柏拉圖及亞里斯多德的影響，尤其又以柏拉圖的烏托邦影響最深。在烏托邦，柏拉圖有三個很重要的思想：第一，他認為大部分的學習，是透過直接的實作與練習，就如同如果不親身創作，便無法理解藝術的奧妙之處。對探索學習而言，參與者可以學習如何使用攀岩裝備和打繩結，但若不願試著攀爬，就無法想像攀岩的樂趣。第二，柏拉圖的烏托邦是要建立一個有道德的社會，強調正義與真理，在柏拉圖烏托邦的社會裡面，每個人有不同的分工（普通人、士兵、衛國者），唯有擁有良好道德行為的個人所組成的社會，才能達到烏托邦的社會。個人無法抽離社會單獨教育，個人必須與整體社會一起教育學習。最後，柏拉圖相信，讓人面臨適度的風險挑戰，必定有助於學習成長⑭。

　　根據柏拉圖的理念，我們簡單的整理一下：經驗／體驗以及承受適當的風險是學習的過程，而品德發展（Moral Development）便是教育的最終目的，如下圖（圖1-3）。

　　首先將這些理念運用在教育的就是柯漢，他將這些思想轉化成實務的教學課程，造就了外展學校，創造探索學習的學習情境，讓參與者除了學習如何成為一個擁有良好品德的公民外，藉由團體活動，讓參與者不斷地練習實踐。

　　其實，現今社會的組織與團體／團隊，更需要高標準的道德品格，才能讓團隊維持運作，產生績效。例如，政府官員被期待「正直」、「清廉」、「有使命感」，能為國家社會貢獻與服務；企業主管員工，被期許以「誠信」、「積極」、「有責任感」面對他們的工作、同儕與客戶；

圖 1-3
探索教育的理念示意圖[15]

非營利機構成員，需以「愛」與「關懷」，協助社會上的
弱勢族群等。

結語

    從二千五百年前柏拉圖與亞里斯多德的哲學思想，到
十九世紀末二十世紀初杜威的民主思想與新教育理念、柯
漢以及英國外展學校（Outward Bound School）的發展，接
著美國外展學校（Outward Bound USA）、戶外領導力學校
（National Outdoor Leadership School，簡稱 NOLS）、探索
專案訓練機構（Project Adventure, Inc，簡稱 PA）的相繼成
立，我們可以發現，探索教育體驗學習是一個以「人」為
本的教育方式，而這樣的理念與作法，在歐美不同的國家
發展下，經過近一世紀淬鍊後，至今仍為教育學習的主流

之一。我於 2002 年參加了美國體驗教育協會（Association
for Experiential Education，簡稱 AEE）所舉辦的國際研討
會，席間與會學者表示，二十一世紀的教育與學習，將以
雙「e」：e-learning 及 experiential learning，為主要學習媒
介。

　　由於網路資訊的快速發展，許多資訊與知識的取得與
學習，都可以藉由高科技得以快速發展，例如：中文化的
麻省理工學院線上課程、中文維基百科等，學習者可逕自
依個別需求，上網下載所需的資訊，不再需要遠渡重洋。
但相對的，人與人之間的尊重互動與信任關係，也可能因
為資訊科技的便利性，而漸漸減少，甚至忽略。人們習慣
上網尋求答案或解決方式，可能會導致不善於與人合作協
調溝通，尋求共識。即使資訊科技再發達，人不可能遠離
團體社會而獨自生活，相反的，現在的社會是由許多專業
的分工所形成，人們不得不彼此相互依賴，發展出團體所
認同的行為規範，藉由彼此的尊重與認同的行為價值觀，
建立信任合作關係，企業團體當然更是如此，探索教育體
驗學習，便是提供學習者或團體一些適當的媒介，協助其
發展行為規範與價值觀的最有效工具。

注 釋

① John C. Miles & Simon Priest, *Adventure Programming*（pp.9-10）, Venture Publishing.

②引用一位好友吳政哲（Roger）的話。

③ John C. Miles & Simon Priest, *Adventure Programming*（pp.14-15）, Venture Publishing.

④參考自團隊發展國際股份有限公司引導員手冊。

⑤這一段為筆者自己的詮釋。

⑥ John Dewey, *Experience and Education*（pp.17-23）, Simon & Schuster.

⑦ David A. Kolb, *Experiential Learning*（p.21）, Prentice Hall P T R, Englewood Cliffs, New Jersey 07632.

⑧ John C. Miles & Simon Priest, *Adventure Programming*（pp.55-63）, Venture Publishing.

⑨伯特蘭·羅素 著，何兆武、李約瑟 譯，西方哲學史（上）（pp.189-201），左岸出版社。

⑩ John C. Miles & Simon Priest, *Adventure Programming*（pp.99-101）, Venture Publishing.

⑪ John C. Miles & Simon Priest, *Adventure Programming*（pp.18-19）, Venture Publishing.

⑫參考自團隊發展國際股份有限公司引導員手冊。

⑬ John C. Miles & Simon Priest, *Adventure Programming*（pp.77-81）, Venture Publishing.

⑭ Scott D. Wurdinger, *Philosophical Issues in Adventure Education*（pp.1-15）, Kendall / Hunt Publishing.

⑮ Scott D. Wurdinger, *Philosophical Issues in Adventure Education*（p 4）, Kendall / Hunt Publishing.

第二章

基本理論

前面簡單介紹了探索學習（Adventure Learning）的發展背景，接著讓我們來討論，探索學習之所以可以運用在企業團體／團隊培訓的基礎理論。首先將探索學習運用在工商企業領域，發展最完整的機構為美國探索專案訓練機構（Project Adventure, Inc，簡稱 PA），也是我這幾年不斷學習的訓練機構之一，本書所提的探索學習（Adventure Learning）的基礎理論，將以 PA 所發展的原則理論為主要架構，再輔以其他相關研究，彙整融會貫通後，向各位作一個介紹。

探索學習課程的三個重要構面 ABC ① ： 情意、行為及認知

任何探索學習（Adventure Learning）課程活動都包含

了三個重要的構面 ABC：A 代表著「Affect 情意」、B 代表著「Behavior 行為」、C 代表著「Cognition 認知」。情緒、行為、認知是「人」在心理學上重要的三個層面，也融入了探索學習的每一個活動及引導學習的過程，三個構面彼此緊密相連相互影響，我們分開說明：

A. Affect 情意

大多數的人都會將「情意」解讀為「Feeling」或「Emotion」，在這裡，「情意」除了是參與者的「Feeling」或「Emotion」外，必須再加上參與者「如何將他們的情緒，以語言、表情或其肢體動作反應表現於外部」。人的情緒不見得可以很一致的反應表現出來，例如，一位參與者正在分享一件他曾經經歷的不幸事件，按常理，他應該非常難受，但他卻用有趣的語言表情陳述這段經歷，這種不一致，其中，必定有一些文章。

人對任何人、事、物都會產生情緒，情緒有許多，如：憤怒、生氣、驚慌、害羞、有罪惡感、愛、感激、希望、孤單、喜悅、勇敢、驕傲、榮譽感、信任等。這些都是人們都會有的情緒。當一事件發生，我們立刻會有情緒，只是正面還是負面情緒及強度高低的問題，更重要的是如何引導，讓參與者覺察（Self-Awareness），他對該事件所表現的情緒為何，以及對事件、對團體所產生造成的影響，進一步讓參與者情緒轉為正面積極的能量。

一個學習中輟的中學生，長期與街頭幫派為伍，參加

了為期半年的輔導課程,與他交談時,他輕鬆而驕傲地訴說他的「豐功偉業」。在一次三十多公尺高的岩壁垂降過程中,他正準備開始的時候,表情嚴肅、身體因害怕而不斷地發抖,我推論他當時應該是非常「害怕」且「恐懼」的,當時我問他:「過去有沒有這麼害怕過?」「有!」他用顫抖的聲音回答著,我再追問下去「發生了什麼事?」「有一次,被人家用槍抵著頭!」,他的回答讓我震驚許久。他左右晃動蹣跚地開始進行大岩壁垂降,約莫過了三分之一的距離,他的動作變得更為靈活,順利地到達地面。後來,他告訴我:「我想要做一個別人看得起的人!」垂降的經驗,透過引導連結,協助參與者,將他對事件(面對暴力槍械)的情緒,作一致化的反應與表現,進一步轉化為積極的改變動力。我再舉一個在企業團體發生的例子,一家公司的主管團隊,由於產業的激烈競爭,公司必須進行轉型,於是邀請了所有主管,舉辦訓練課程,期望讓所有主管,對於未來轉型的高目標與挑戰,能夠有共識與承諾。剛開始的時候,所有的主管對公司所面臨的挑戰都「信心滿滿」,態度輕鬆,處之泰然,感受不到太多的壓力與衝突。團體正在進行一項挑戰,一起翻越一面三公尺六十公分的高牆,不得使用任何道具或工具協助通過,在這之前,他們已經進行了一個需要耗費體能的挑戰項目。在攀爬高牆前,我暗喻:「高牆象徵著因轉型所需面臨的挑戰,沒有任何捷徑,只有積極面對。」他們的成員裡面,有三名女性,部分男性主管年紀偏高,他們努力地希望翻越高牆,但一次一次的失敗,讓成員開始變得沉

默、嚴肅，我決定介入：「我必須讓大家了解，各位可以使用的時間已經所剩不多，看起來大家都累了，是嗎？」所有成員點頭回應，「你們認為可以做得到嗎？」沉默幾秒後「可以！」其中一位主管激動地回答，「可是，我觀察到大家都累了，各位可以進行到這裡，不需要非得通過不可。」於是，我讓他們幾分鐘時間討論，作出決定，再多加 10 分鐘的時間繼續進行活動，翻越高牆；或是活動到此為止。當然，你猜對了，他們做了一個不會讓他們後悔的決定，順利地翻越高牆。事後的引導討論（Debriefing），這些主管回饋著，當面對了真正挫折挑戰時，與其「沮喪」、「退縮」甚至「失落」，還不如「再來一次」及「堅持下去」。

　　這些例子一再地呈現，當參與者進行探索活動時，都會產生情緒，帶領者需保持高度敏感，透過活動設計與鋪成，引導參與者針對事件主題，進行覺察，唯有讓參與者對學習主題做深入覺察，才能讓參與者更清楚，當未來發生類似事件時，該如何面對與解決。

B. Behavior 行為

　　第二個重要的構面為參與者的行為。「知易行難」，有太多我們一直都了解的道理、知識，但卻未能確實的實踐，做到「知行合一」。在真實的生活、學習、工作與管理現場，團體／團隊以及組織常常因為人們的行為與他們「適當的行為表現」不一致，而造成許多困擾與衝突。探

索學習（Adventure Learning）課程的目的在於，藉由進行冒險探索團體活動，讓參與者對自己或團體的行為，進行深刻的覺察與評估，是否與團體或企業期盼的態度行為一致。

一向講求「團隊合作」的企業團隊，當他們一起進行問題解決（Initiatives / Problem Solving）與團隊合作（Teamwork）活動時，他們當下的心態、焦點以及具體行為是否與他們所推崇的認知（團隊合作）一致？通常，參與者會揣測公司安排的教育訓練課程，必有其用意，於是對於體驗活動，多以合宜的合作行為配合課程進行，當然課程的設計與執行，早已將這樣的狀況考慮在內，至於如何因應，稍後的章節將詳細說明。探索活動本身是經過巧妙鋪陳設計的，其目的並非刻意地讓參與者掉入帶領者所預先挖好的陷阱，企圖指導或指正參與者，這樣的結果，只會失去帶領者及承辦單位（在企業，通常是人力資源部門及部門主管）與參與者之間的「信任」，反而以悲劇收場。進行探索學習課程活動時，事先清楚地向參與者說明進行課程活動的目的，以及帶領者所扮演的角色職責，讓參與者親身探索發現，自己或團體／團隊行為的影響，在這個前提下，參與者及團體／團隊透過一系列覺察、回饋以及目標設定的引導過程，將他們在活動中發生的行為，與他們的實際生活、工作與管理類比連結，重新檢視自己或團體／團隊的行為，是否存在任何不一致的狀況，進一步進行改善與調整。

一次二天一夜的部門團隊建立（Team Building）課程，

在第二天的上午，團體一起進行一項高空繩索活動——巨人梯（Dangle Duo，這是一項 PA 經典的高空繩索活動），必須二人一組，一起

合作攀登十二公尺高的巨人梯，我刻意讓平時有直接合作互動的參與者一起進行活動，由其他團隊成員組成確保團隊負責安全確保工作，支持參與者進行挑戰。剛開始的時候，他們各自順利地登上第一階，用相同的方式也順利登上第二階，他們沒有太多的交談，當準備攀爬第三階時，他們遇到了困難，離開地面的高度以及晃動的梯子，開始對他們產生影響，速度明顯地慢了下來，他們不斷地用剛剛的成功經驗，試圖各自攀上第三階，但是結果都失敗了。這時我的直覺告訴我，該是介入的時候了，我一邊低聲地請確保團隊提高警覺，一邊請正在進行活動參與者暫停一下，「我在底下觀察到，你們似乎碰到了一些麻煩，你們試了很多次，似乎結果並不如預期，需不需要稍微暫停一下，一起討論有沒有其他不同的作法，可以讓你們順利向上攀登？」他們接受了我的建議，開始了這次攀登活動中，真正的「合作」與「溝通」。他們找到了更好的方式，靠著二人身體的互相支持，作為彼此攀爬時的支點，順利地登上巨人梯，成功的喜悅掩蓋了他們的疲憊與之前

所遭受的挫折。回到地面的引導分享中，參與者發現，他們平時彼此需要的支持，就像剛剛的過程，他們覺察到即便理解「團隊合作」的意義與重要性，但平日的工作，他們實際對彼此「支持」的作為，仍然可以做得更好，才能突破瓶頸。

　　探索學習，尤其重視個人及團體行為的實際展現與認知的一致性，不斷透過體驗活動所創造的經驗，不論正向成功經驗的增強作用還是失敗經驗的學習，讓參與者進行覺察與學習。面對不同的團體，有不同的策略，若是以發展形成新行為為目標的團體（Functional Group），可以透過不斷地創造參與者未預期的成功經驗（Unexpected Success），來正增強他們的新行為；若是以除去一些不適宜的行為為主要目標的團體（Dys-Functional Group），則可透過活動中的失敗經驗，從中檢討反思，引導參與者針對該不適宜的行為進行檢視覺察與調整。

C. Cognition 認知

　　「認知」在心理學以及人類文明發展而言，是一個非常重要名詞。在這裡，我們不去深究「認知」或「認知心理學」的專業內涵，如果大家有興趣，可以選擇閱讀相關心理學書籍與研究。人們對於任何人、事、物所反應的情緒與行為，端看「如何認知」。一杯半滿的水，有些人會想，「為什麼只有半杯水？」另外會有一些人會問，「半杯的水，是怎麼做到了？真不容易！」每個人會依照個人

的個性、習慣、文化背景，對人、事、物有不同的認知。我們常講「正面思考」，就是一種選擇如何認知的方式之一。「認知」是可以改變的，當它改變的時候，世界就不一樣了。

認知也會有不一致的狀況發生，一種是參與者自己的認知與實際狀況有落差，導致對情意與行為的影響；另外一個狀況，也是最容易發生在團體／團隊與組織的，也就是團體成員彼此對某一主題、事件的認知不一致，直接間接地影響了團體運作適宜的行為與情意氣氛。探索學習課程透過經歷活動所產生的具體經驗，讓參與者與團體／團隊，進行覺察，拉近不論個人認知與現實之間還是團體之間認知上的落差，進一步調整改變行為及態度。就以上一個部門團隊建立的狀況為例，進行攀登的二位參與者，一開始對一起「合作」的認知只在於「一起進行攀登巨人梯活動」，如同部門的團隊合作「一起共同完成一項專案」，但，當他們發現這樣的作法，無法讓他們突破，繼續往上攀登時，便開始重新找尋新的作法及新的合作行為，成功攀登巨人梯回到地面後，他們對於「合作」的認知，往上提升到另一個層次，有了新的理解。

又如，一群主管討論關於員工「紀律」的要求，相信不同部門工作職責的主管，會有不同程度的認知與詮釋。有些主管會認為「紀律」應該表現在平日的出勤上，重視小細節；有些主管則認為，員工的「紀律」應該表現在他們對負責的專案工作上，是否在時間內完成任務，不應只注意細節。這樣的團體內認知不一致狀況，每天都在發

生。探索學習課程刻意創造衝突，讓參與者得以觀察傾聽，團體內不同背景所發出不同的聲音，活動帶領者的職責在於，創造開放、支持、信任的氛圍，讓團體彼此溝通，增進對某一主題或事件認知的一致性，取得共識。

在實際帶領探索學習團體的實務上，情意、行為、認知三者是不可分開觀察處理的，它們彼此牽動且相互影響。理想的狀況，情意、行為及認知是彼此一致的（Equilibrium），就像一個平衡的三角形（如圖 2-1）。以「信任」為例，參與者或團體對「信任」的認知如何？是否表現出與該認知一致的行為或作為？他們對這些認知與行為所反應出的情緒是否一致（感覺信任、安全等）？而通常，問題和困擾都發生在不一致（Disequilibrium）的時候，也就是情意、行為、認知三角形發生不一致傾斜的時候。探索學習的主要功能，便是不斷地透過冒險探索活

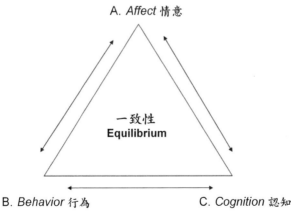

圖 2-1
情意、行為、認知一致性示意圖

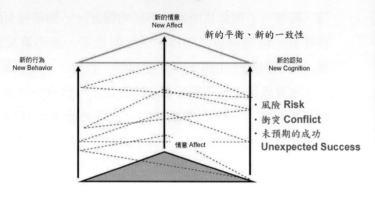

圖 2-2
探索學習中，參與者或團體建立情緒、行為及認知新的一致性之示意
圖

動，創造風險壓力、衝突以及未預期的成功經驗，藉由引
導反思（Debriefing / Processing），讓參與者或團體不斷地
覺察、回饋、目標設定，一次又一次地達到新的情意、行
為及認知的一致性，進而協助參與者或團體進行改變（圖
2-2）。

風險壓力與能力②

　　如果將人的學習，以風險壓力（Risk）和能力（Competence）來看，就更加能夠理解探索學習（Adventure Learning）的目的。風險壓力，指的是參與者，現在或未

來即將面對，不論是對內部環境、對自己個人或是任何（包含團體／團隊）互動上可能發生的風險與挑戰，而外部環境可能會產生的風險與挑戰，如：登山路途上的困難地形或氣候變化，抑或是一段攀岩路線；個人可能會遇到的風險與挑戰，如：自我概念不清、缺乏自信或過度自負；人際關係可能會遇到的風險與挑戰，如溝通不良、缺乏信任感或是不良的領導方式等。而能力（Competence）所包含的內容相當廣，包含可以完成任務達到目標所需具備的知識，解決問題的能力、溝通能力、決策能力、相關技能技巧、經驗、態度等，都可歸類為能力或職能（Competence）。

最好的狀況是，參與者或團體擁有與所面對風險壓力（Risk）相對應的能力（Competence），如圖 2-3 所示，我將它稱之為高峰經驗（Peak Adventure）；當參與者或團體所面對風險壓力高於能力時，稱之為魯莽的冒險（Mis-adventure），甚至是災難（Disaster）；相反的，當參與者或團體所擁有的能力高於實際所面對的風險壓力時，則稱之為冒險探索（Adventure），或是實作／試驗（Experimentation）。

繼續往下探討之前，必須先向大家說明，風險壓力和能力需再細分為：認知風險壓力（Perceived Risk）與實際風險壓力（Real Risk）及認知能力（Perceived Competence）與實際能力（Real Competence），在「認知」與「實際」之間，存在著待釐清、覺察及學習的落差。

以一個缺乏自信與成就感的參與者為例，如果他參與

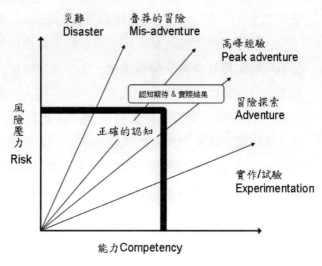

圖 2-3
探索學習風險壓力（Risk）vs.能力（Competence）示意圖

了一次攀岩活動，他可能對自己能否穿上安全吊帶，嘗試看看，都不願意，他可能會考慮再三，懷疑自己過去沒有任何經驗、也沒有運動的習慣，怎麼可能攀爬十公尺高的岩壁；此時，他可能高估了外部環境的「認知風險壓力」（Perceived Risk），同時，他的「認知能力」（Perceived Competence）可能也被低估了，進而造成認知上的落差（如圖 2-4a、2-4b）。於是，若透過活動的安排及帶領者的引導，選擇一條較容易的攀爬路線，讓他嘗試，當他順利爬上岩壁頂端時，參與者會重新修正他對穿上安全吊帶攀岩的認知，同時，他攀岩的能力也有了新的學習，接下來，參與者會主動要求「再試一次」，這樣的例子，在我帶領的團體裡，常常發生。

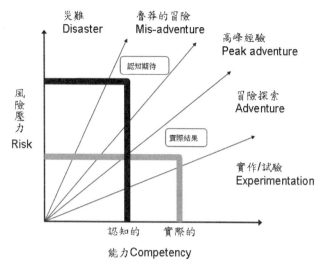

圖 2-4a

以缺乏自信與成就感的參與者為例，參與課程前之示意圖

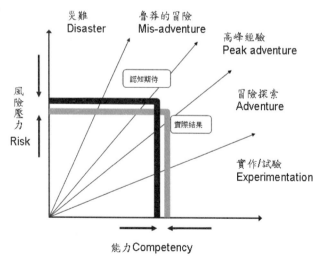

圖 2-4b

以缺乏自信與成就感的參與者為例，參與課程後之示意圖

　　另外一個例子是，一個自信且過於自負的參與者，同樣以剛剛的攀岩活動為例，由於他的自負，可能會認為，這點小事難不倒他，躍躍欲試，不斷地強調自己的能耐。此時，他可能低估了外部環境的「認知風險壓力」（Perceived Risk），尤其是安全；同時，他的「認知能力」（Perceived Competence）可能也被高估了，也造成認知上的落差（如圖 2-5a、2-5b）。透過活動的安排以及帶領者的引導，選擇一條較困難的攀爬路線，讓他嘗試，當他不斷試了一次又一次，確未如預期時，學習才真正開始，他會發現「原來沒有那麼容易，我需要再多注意一些細節和關鍵」。

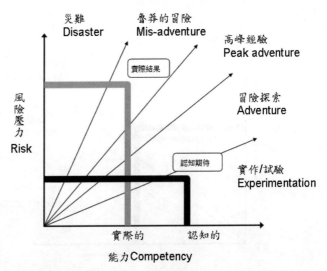

圖 2-5a
以自信而過於自負的參與者為例，參與課程前之示意圖

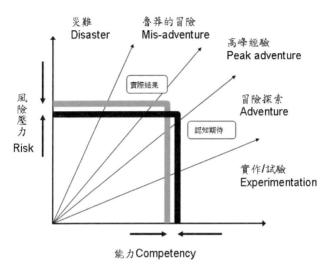

圖 2-5b

以自信而過於自負的參與者為例,參與課程後之示意圖

結語

　　不論上述哪一個理論與角度,都產生了認知與行為的落差與不一致,探索學習活動,從暖身活動、信任建立活動、問題解決活動,到低空及高空繩索挑戰活動,甚至戶外冒險活動,不斷創造這樣的學習情境,讓參與者或團體,透過覺察,自我探索這些不一致與落差,進而不斷修正學習,達到所謂的高峰經驗(Peak Adventure),讓參與者有正確的認知與一致的情意和行為。

注 釋

① Jim Schoel & Richard S. Maizell, _Exploring Islands of Healing_ （pp.25-38），Project Adventure, Inc.

② John C. Miles & Simon Priest, _Adventure Programming_ （pp.159-162），Venture Publishing.

第三章

美國探索專案訓練機構的基礎理論與價值觀

美國探索專案訓練機構（Project Adventure, Inc，簡稱PA）發展了三個重要的理論價值觀：經驗學習循環（Experiential Learning Cycle）、自發性挑戰（Challenge By Choice）及完全價值契約／承諾（Full Value Contract / Commitment），成功地為探索學習（Adventure Learning）領域，提供了有效而具實務性的運作架構，透過這樣的架構與價值觀，讓活動規劃者與帶領者，更容易協助他們的個案或客戶，進行學習與改變，PA 在這個部分的成就與貢獻，目前還沒有任何其他的機構可以與之相提並論。

經驗學習循環

學者曾經研究統計過，人在學習的過程中，如果藉由聽講的方式，只能記得 20%；如果藉由閱讀的方式學習，

可以記得 50%；但若藉由實際操作體驗的方式學習，則能保留 80%[1]。

PA的課程理論中，以「經驗學習循環」（Experiential Learning Cycle，簡稱 ELC）為基礎，它發展自 1930 年代的杜威新教育理念，一直到 1970~1980 年代Kolb的四階段「經驗學習模式」（參見第一章圖 1-1）。經驗學習循環包含了四個重要的階段：共同具體經驗（Experiencing）、觀察反思（Processing）、形成抽象化概念與歸納（Generalizing）及運用觀念（Applying）（參見圖 3-1）。在這四階段的循環裡，首先透過團體／團隊一起進行經設計過的體驗活動；再藉由活動後的引導討論，引導參與者，對於剛剛經歷的過程，進行回顧與覺察反思，將這些觀察與想法，與參與者或團體／團隊實際的生活工作，產生類比連結，讓參與者或團體／團隊形成有意義的概念或歸納，再進一步將這些新的概念與新的行為，移轉運用到參與者的真實世界。

我們用一個實際的活動，來說明這四個階段。有一個活動叫「Insanity[3]」，將團體平均分成幾個小組，象徵著同一家公司的每一個部門，每一小組有一個呼啦圈放在地上，每個呼啦圈相距約 6~9 公尺，而中間有一個裝滿球的呼啦圈（如圖 3-2a、3-2b）。團體必須在有限的回合時間內，讓呼啦圈內的球愈多愈好，規則為一個球一分，一次只能拿一個球，只能小心取放球，不得丟擲，而中間的球（象徵有限資源）被拿完後，才能拿取其他呼啦圈裡的球，過程中，所有參與者不能彼此阻擋。活動共進行四回

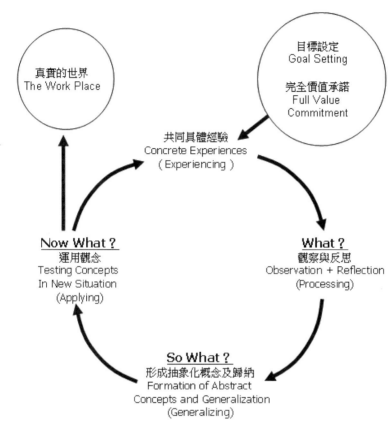

圖 3-1
美國 PA 的經驗學習循環 ELC [2]

合，每一回合時間 60 秒，並計算該回合加總後的團體總
分，最後，在四回合的成績中找到最高的成績，來代表團
體。這是一個典型問題解決、溝通、合作、跳出框框的探
索活動。

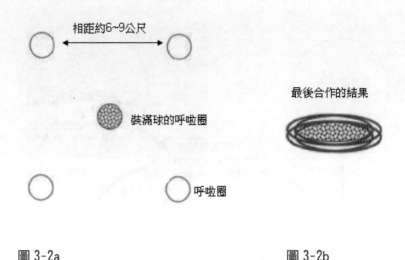

圖 3-2a   圖 3-2b

共同具體經驗（Experiencing）—— Concrete Experience

　　想像一個由各部門主管所組成的團隊，一起進行這個活動，課程活動以「打破藩籬，建立信任」為主要學習目標。一開始的時候，所有的參與者努力地到處搶球，放回自己小組的呼啦圈裡，過程中，甚至不斷阻擾彼此，試圖為自己的小組爭取高分，這是第一個挑戰——「如何打破部門本位主義」，而以「資源共享，合作的方式一起爭取最高績效」

來取代原本舊有的認知與行為。到了後來，參與者會發現，若維持彼此競爭的狀態，無法再為整體團隊爭取更優異的成績，於是，開始討論調整他們對活動的認知以及進行活動的方式，「合作」與「資源共享」是大家同意的共識，於是，大家決定平均分攤所有的球。但他們發現，結果仍然因為有限而固定數量的球，再怎麼分，加總後，成績和前幾回合是一樣的。後來，有些參與者會挑戰整個活動的可能性，「所有的球就是這些，不論我們再怎麼做，我們的成績不會變得更好！這是簡單的數學問題！」這是第二個挑戰──「如果我們的認知（了解合作的重要性）和行為是不一致的（大家只取自己的球），狀況不會變得更好！」有趣的事情發生了，正當大家苦惱思索時，一位參與者大膽地提議，他拿起了呼啦圈，「既然球數是不變的，何不將大家的呼啦圈重疊在一起，總分不就增加了！」（如圖 3-2b）「ㄟ！對呀！」於是，團體改變了他們這回合的作法（行為），各小組不再搶中間有限的球，而是拿著象徵著部門的呼啦圈，重疊在一起，將所有的球集中在所有呼啦圈中間，得到最高總分。

　　剛剛活動的過程，提供所有參與者後續討論學習的重要共同具體經驗，這些具體的活動經驗與特定的情意、認知與行為，也是接下來引導討論（Debriefing / Processing）的重要資料來源。這個階段需要注意的是，學習目標的設定，透過與課程承辦人或單位，進行課前的評估與分析，精確地掌握課程活動預期達到的目標，進一步挑選適合的體驗活動，讓參與者或團體／團隊沉浸在活動中，累積學

習的能量。

在評估參與者或團體、設定學習目標時，活動規劃者及帶領者，必須親身實踐完全價值承諾（Full Value Commitment），以開放的態度與原則，進行評估與設計執行，不得有任何成見與預設立場，任何假設推理需憑藉具體的資訊或事實；活動中，活動帶領者必須創造安全、支持、相互尊重接納的氛圍，期許團體參與者落實完全價值承諾（Full Value Commitment），建立優質的學習情境。

觀察反思（Processing）—— What？

活動告一段落後，帶領者邀請參與者一起回顧剛剛活動的過程：「第一到第四回合，發生了什麼事？」「我們做了什麼，可以讓我們有這樣的成績？」「大家還觀察到什麼？」「有沒有任何人可以幫忙說明一下，每個回合，各位的策略和作法分別是什麼？」這些開放性的引導問句，帶領參與者對之前發生的活動細節，進行反思與觀察，這個階段又稱為「What？」。以前述活動為例，參與者回憶著剛剛的四回合，會發現，雖然大家都知道「應該要合作分享」，但唯有當他們開始改變作法行為（從各自拿球到移動自己的呼啦圈）時，才會有更好的成績；而且，前面幾個回合，參與者的感受：「看起來、感覺起來前面幾回合，根本就是互相競爭，不像一個團隊，一直到最後，大家改變了作法為止。」透過這個階段，參與者開始對自己在活動中情緒、認知與行為的表現，進行覺察的

第一步。帶領者必須專心耐心地觀察活動的過程，以及仔細傾聽參與者在這個階段，對活動經驗的反應與觀察，藉以引導參與者進入下一個階段——形成抽象化概念與歸納（Generalizing）。

形成抽象化概念與歸納（Generalizing）—— So What？

探索學習的目的，並非單純進行有趣、具挑戰性的活動，而且更重要的是，可以帶給參與者什麼樣的啟示與覺察，而這是他們過去從未談到或想過的問題，甚至是從未做過的嘗試。經驗學習循環（ELC）的第三階段——形成抽象化概念與歸納（Generalizing），主要目的是，讓參與者將上個階段的觀察與覺察，與目前參與者所關心的真實狀況或困擾，進行連結類比，進而歸納產生具有學習價值的新概念，這個階段又為「So What？」。

同樣地，以前述活動為例，引導者接著好奇地提問：「最後的結果怎麼會這樣？這是什麼意思？」「最關鍵的是什麼？那是什麼意思？」「剛剛發生的事，在實際工作或管理實務上，有沒有可能會發生，可以舉個自己實際的例子嗎？那代表了什麼？」「這些過程會讓大家想到什麼？尤其在工作上？」等。這些「So What？」的問句，協助參與者，進行類比聯想：「呼啦圈就像我們的本位主義！」「從拿球到移動呼啦圈的過程，就像摒除部門主義的改變」，「我覺得合作的過程，除了需要改變態度認知外，更重要的是，要有勇於跳出框框的冒險精神，向傳統

的包袱挑戰。」進入了第三階段「So What？」，「呼啦圈」不再只是一個活動道具，它開始擁有更複雜的意義；「活動」也不再是單純的合作活動，它轉變成協助參與者覺察學習的媒介，透過活動，探索成功之道。

運用觀念（Applying）—— Now What？

最後，也是最關鍵的移轉階段——運用觀念（Applying），又稱為「Now What？」。當參與者經過「What？」、「So What？」……的層層引導，歸納形成了一些概念，在這個階段，參與者可以試著將這個概念或想法，發展出具體的作法或行為，實踐在真實的生活或工作現場，進行改變。記得有一位科技公司的高階主管，和他的部屬一起進行「Insanity」這個活動，當四回合結束後，在團體的引導討論中，這位高階主管回饋道：「我發現，過去部門所設定的目標，想像空間不夠，讓我們無法跳脫框框，我們需要更具想像力的目標，來挑戰我們的極限與過去的成功包袱。」這位主管將活動中所形成的概念，轉為營運管理上的新想法與作法。探索學習並非提供答案，或是任何解決方案，而是創造讓參與者或團體／團隊找到成功之道的學習工具與媒介，探索學習提供的是一個環境、情境，因為我們相信，參與者本身才最了解，什麼是最適合他們自己的解決方式。

並不是每個議題或主題，只需單靠參與者操作一個活動，便會找到解決方法，當參與者對學習目標尚未形成完

整而清晰的概念時，帶領者在「Now What？」的階段，應不先急著將這些不完整的概念移轉運用到真實世界，反而期望參與者將這些想法，持續帶到下一個體驗活動中，再一次藉著實際體驗實作、覺察、回饋及目標設定，一次又一次地經歷，共同具體經驗（Concrete Experience）、觀察反思（What？）、形成抽象化概念與歸納（So What？）及運用觀念（Now What？）這四個階段，逐漸形成可被轉移運用的想法或作法。探索學習是一個連續的覺察學習過程（如圖 3-3），不斷地在參與者的腦中運作著。

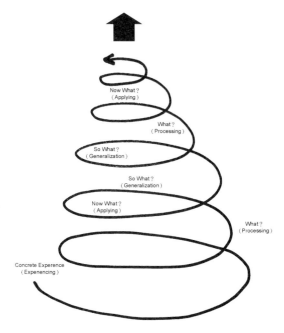

圖 3-3
探索學習連續的學習過程

學習可以發生在任何一個階段……

到目前為止，各位可能會有一個疑問，探索學習課程的實務中，參與者一定要經歷完整的共同具體經驗（Concrete Experience）、觀察反思（What？）、形成抽象化概念與歸納（So What？）及運用觀念（Now What？）四階段，才能有學習嗎？答案是「不一定！」原因是，每個人有不同的學習型態（Learning Style）。參考 Kolb 對經驗學習的研究，每個人對於一個具體經驗所產生的反應不同，我們可以用以下二個構面來看：對經驗的理解（領悟）以及對經驗的轉化，讓我們分開討論④。

就對經驗的感知理解（領悟）方面，有些人對一個經驗的感受理解，偏向感性情緒的理解（Apprehension），例如對事件感到高興、興奮、沮喪等直覺感受；另外一些人對一個經驗的理解，則偏向理性邏輯的理解（Comprehension），例如對事件的反應：「該怎麼了解這個狀況？」「這代表著什麼意義？」「可以怎麼解決？」他們習慣將經驗理解形成邏輯概念。就對經驗的轉化方面，人對於一個經驗的轉化，分為內部轉化（Internal Transformation）與外部轉化（External Transformation），對內的轉化，便是一種自我的覺察；對外的轉化，即是如何應用經驗。將這二個向度交錯，歸納成一個矩陣，如圖 3-4 所示。

對經驗習慣以感性理解及內部轉化的人，我將他稱之為「藝術家或哲學家」，這樣學習型態的參與者，充滿想像力，喜歡發想，喜歡問「為什麼？Why？」，「藝術家

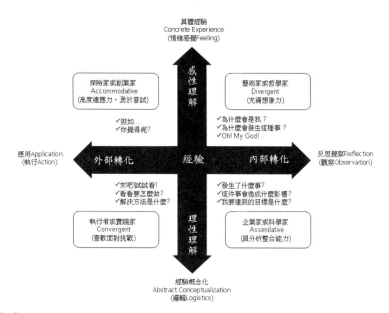

圖 3-4
參考自 Kolb 的學習型態矩陣⑤

　　或哲學家」需要有充足的時間，讓他們思考覺察，找到他
們的答案；「企業家或科學家」類型的人對經驗喜歡以理
性理解及內部轉化，他們的學習型態是透過思考覺察以及
課堂講授，以解答他們的疑問，他們喜歡問「什麼？
What？」，具有很好的分析整合能力；「執行者或實踐
家」對經驗則以理性理解及外部轉化來處理，對任何事都
躍躍欲試，喜歡挑戰，更喜歡找解決方法，喜歡問「怎麼
做？How？」，他們的學習型態，習慣透過清晰的課程講
授而得到他們要的答案；最後一個是「探險家或創業家」，
他們生性喜歡邊做邊學邊修正，是天生的體驗學者，對於

經驗，習慣以感性理解及外部轉化，他們的學習型態讓他們具備高度的適應力，最喜歡問假設性問題：「假如……？ What if？」「如果是你，你覺得如何？」

由於人們有不同的學習型態（見圖 3-5），探索學習的經驗學習循環（ELC）中四個重要的階段：共同具體經驗（Concrete Experience）、觀察反思（What？）、形成抽象化概念與歸納（So What？）、運用觀念（Now What？），提供了相對應不同學習型態的學習情境，讓參與者依不同的學習型態，進行學習。也就是說，對「藝術家或哲學家」而言，他可以在觀察反思（What？）階段，進行深入

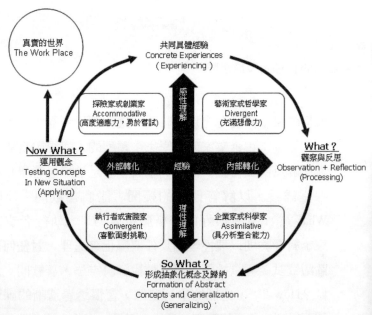

圖 3-5
參考自 Kolb 的學習型態矩陣⑤

的思考；對「企業家或科學家」而言，在形成抽象化概念與歸納（So What?）的階段，可以找到他的答案；對「執行者或實踐家」而言，從形成抽象化概念與歸納（So What?）到運用觀念（Now What?），他得到了最適合的解決方式；當然，探索學習不斷提供活動經驗，讓「探險家或創業家」從「做」中「學」。所以，不同學習型態的參與者，會選擇他們最適合的學習型態來學習。也就是說，學習可以發生在任何一個經驗學習循環階段。

自發性挑戰

　　美國PA的探索學習課程相信，除非參與者自己願意，否則沒有任何人或事物可以讓參與者改變。PA 提出了一個重要的價值觀——「自發性挑戰」（Challenge By Choice，簡稱 CBC），內容如下⑥：

- 參與者永遠有權利，選擇何時參與活動或挑戰，以及選擇參與的程度。
- 當面對挑戰的過程中，即使參與者退卻而選擇放棄時，仍然隨時有機會，再度重新選擇面對挑戰。
- 嘗試任何一個困難的挑戰時，每位參與者都必須了解，勇於嘗試冒險的企圖意願，永遠比最後的結果成就更為重要。
- 參與者必須絕對尊重每位參與者不同的想法、需求、價值、與選擇，並尊重團體成員共同的決定。

選擇是一種責任……

「自發性挑戰」（Challenge By Choice，簡稱 CBC）
意指，所有參與者在課程活動過程中，有權利選擇參與活
動的程度，而選擇決定權永遠掌握在參與者本身。但並不
表示，參與者可以藉著「自發性挑戰」（CBC）的理由，
離開團體消失其間，而是團體尊重個人參與活動挑戰的意
願與程度，但每位參與者也被期許尊重團體／團隊的決
定。例如，一位參與者覺得不舒服或不確定是否參與某項
活動或挑戰，那麼他可以選擇不必親自參與活動，但被邀
請在團體活動的外圍，進行觀察，以另一種主動觀察的角
度參與（另一種參與的程度），並提供團體意見或回饋，
給予團體不同角度的觀察與經驗。

「自發性挑戰」（Challenge By Choice）中的選擇
（Choice），不代表參與者可以完全不設限的選擇，如：
選擇提早用餐！選擇提早下課！選擇離開團體！等。事實
上，探索學習課程，在一個最高的原則與學習目標前提
下，提供自發性挑戰（CBC）信任、支持與尊重的空間，
讓參與者透過團體活動，進行學習，我們可以將自發性挑
戰（CBC）的選擇，視為「有前提的選擇」，更是「有責
任的選擇」。例如在家庭教育中，孩子放學後，一回到家
便打開電視或打電動，而不事先將功課作完，老是要熬到
深夜睡前，才匆匆草草了事，更不用說幫忙做家事。自發
性挑戰（CBC）並不是期許家長，讓孩子自由選擇放學後

的活動安排，那孩子豈不是選擇不寫作業算了，這不是「尊重」，而是「放任」，但倒也沒有必要強硬的規定他們的每一個生活作息，最後可能容易造成親子之間的摩擦。我曾經聽過一種作法，家長明確的告訴他們的孩子，下課回家後，自己安排作息，但每天必須晚上九點準時就寢，不能再做任何事，包含寫作業。萬一那天孩子作業沒寫完，家長一點都不擔心，因為他要讓孩子知道後果會是什麼。當孩子因為作業沒寫完，回到學校定是遭受老師的責備與糾正，從此之後，孩子便了解應該如何安排自己的作息。

自發性挑戰（CBC）的精神在於，每一個選擇背後，都隱含著責任，參與者必須對所做的任何決定背後所需承受的責任，有所覺察與理解。以上述故事為例，透過自發性挑戰（CBC）的安排，孩子學會「如何在時間內，將想做與該做的事做完！」，甚至「如何做對的選擇！」。過去我在公司內負責新人訓練的經驗裡，當時公司正在困擾如何提高新進員工的留職率，我常跟所有的新進員工，分享一個故事[7]：

在遠古時代，有一位猿人，在荒野上找不到食物，餓了很久。有一天，突然出現一隻兇猛的獅子，他想：如果可以獵殺這隻獅子，便可以衣食無虞了！於是，便開始準備布置了陷阱與武器，進行他的獵殺行動。獵殺的過程中，獅子受了傷，躲進了一個山洞裡，這時，猿人也追到了洞口，他猶豫了起來，想著：「如果進去山洞裡，獅子受了傷，應該有機會殺了獅子，但是也有可能，一進洞

口，便遭到埋伏，一口被獅子吃了。」「如果不進山洞，除了眼前的食物與獸皮不可得之外，還得忍受現在的飢餓，但至少，不會有被獅子吃掉的危險。」

藉著這個故事，讓新進同仁理解，在產業的快速發展中，做出職場上的任何規劃與安排，選擇一個具潛力、有發展性的產業，在享受獲利與學習成長的背後，所需承擔的當然是相對的責任與壓力，甚至會影響原本的生活與家庭。不論猿人最後的選擇是什麼、新進員工最後的決定是什麼，相信那些對當事人而言，都是「對」的選擇與決定，但關鍵並不在於參與者做了什麼選擇，而是他們是否理解，這些選擇與決定背後所需面對的責任與挑戰是什麼？自發性挑戰（CBC）的目的在於，讓參與者學習如何做「更好」的選擇。

完全價值契約／承諾

美國PA的三個重要的理論：經驗學習循環（Experiential Learning Cycle）、自發性挑戰（Challenge By Choice）以及完全價值契約／承諾（Full Value Contract ／ Commitment，簡稱FVC）。經驗學習循環（ELC）的目的在促進參與者的覺察與學習；自發性挑戰（CBC）則是尊重每位參與者的個人意願與想法，關照每一位參與者不同的需求；而最後的完全價值契約／承諾（FVC），便是為了塑造一個安全、信任、支持的學習情境，建立優質的團體互動關係，

所提出的團體行為規範，讓參與者透過團體的互動、支持與回饋，得以學習成長。

　　在一一討論完全價值契約／承諾（FVC）之前，各位必定對「完全價值」（Full Value）一詞，感到陌生與好奇。1976 年，在 PA 提出完全價值契約／承諾（FVC）之前，一些醫院的輔導員，運用團體輔導（Group Counseling）的方式，對病患或特殊個案進行輔導，在團體輔導的過程中，建立共同遵守的行為規範與原則是必需的，在團體一開始的時候，團體輔導員與所有團體成員，建立一個屬於該團體，共同認同並遵守的團體行為約定（契約），彼此支持關心與信任，塑造一個安全支持的團體關係。當時提出了第一個概念：「不漠視契約」（No-discount Contract），其內容為：⑴不漠視自己與他人的價值，彼此尊重；⑵目標設定，為自己的學習成長設定目標。「不漠視契約」（No-discount Contract）的理念，在團體輔導被運用得非常成功，後來，PA 的一些引導師，認為「No-discount」是一個負面的語句，「不漠視契約」（No-discount Contract）所要傳達給參與者的價值觀是：「完全的尊重接納每一位團體成員不同的想法與價值，包含對自己的尊重與接納」，應該以更正面的詞句來表達，於是，PA 選擇用了「Full Value」二字（我將它翻成「完全價值」），以「完全價值契約」（Full Value Contract）來取代過去較為負面的「不漠視契約」（No-discount Contract）。後來完全價值契約（FVC）不斷演進，陸續增加了其他的行為規範，如：積極面對、回饋等，漸漸形成今日大家所熟悉

的完全價值契約（FVC）⑧。

藉著團體鼓勵、肯定、目標設定與達成、團隊溝通解決問題、衝突的處理等互動，練習將完全價值契約（FVC）實踐在團體中，使得團體肯定自我及他人價值，探索每個人的正面特質，進一步肯定了團體及其中的學習經驗和學習契機。完全價值契約（FVC）要求每一位參與者，有以下的行為⑨：

參與（Show Up）

藉著課程活動所提供的每個活動與學習的機會，不但都能參加，而且盡可能地全心投入，將焦點放在課程學習上，排除任何會導致分心的人、事、物。

專注（Pay Attention）

邀請參與者，將全部的注意力放在體驗及學習上。聆聽是表現專注的最基本的行為，不只是聆聽其他人所說的話，更要聆聽自己內心所發出的聲音，這些聲音所要傳達的想法，常常是豐富且具有啟示性的，且對於個人的成長，將是有很大的助益。

陳述事實與感受（Speak the Truth）

「Speak the Truth」的意思，並不是要參與者分享個人

的私秘，而是當下，參與者所察覺到的事實，如：「觀察到……」、「聽到……」、「想到……」及「感受到……」等。探索學習所關切的是參與者個別的感受，而這些感受對全體的學習經驗是很重要的。參與者的感覺及想法，對於自己及他人有潛在的學習價值，所以自由並誠實地說明事實現況與感受，同時也虛心的聆聽他人意見。

開放的態度（Be Open to Outcomes）

　　或許參與者對即將發生的學習經驗以及團體成員不同的想法與回饋，持有成見或心懷恐懼，探索學習提醒所有參與者，試著放棄這些成見與恐懼，以開明的態度，來迎接全新學習經驗與多元的價值觀。倘若參與者能保持開明的態度與開放的心胸，不在課程結束前，作任何斷章取義的評斷，那麼在課程結束後，參與者會發現自己在心智成長上，會有料想不到的驚人收穫。

重視身心安全（Attend to Safety）

　　團隊中的每個人，都有責任確保學習環境的安全與信任，不論在言語或肢體行為上，都要注意他人生理上及心理上的安全需求，同時竭盡所能地給予其他伙伴最大的鼓勵與支持，並且相信團體中的其他伙伴，也會以相同的行為互相對待。

　　當一開始在台灣導入完全價值契約（FVC）時，由於

民情不同，一方面人們對於「契約」（Contract）一詞較不習慣，再者，「契約」有可能會被打破，尤其是成人團體，而「承諾」一詞更強調誠信的道德約束，於是，便建議改用「完全價值承諾」或「完全價值約定」。事實上，完全價值承諾（FVC）有許多不同的表現方式與內容，如：「Play hard, Play safe, Play fair, Have fun」，或是「Be here, Be safe, Commit to goals, Be honest, Let go & move on, Care for self and others」等，這些都是 PA 的完全價值承諾（FVC），但不論是哪些內容，都期望達到以下目標：

- 促進團體成員對以團體互動方式，共同學習的認同感，進而滿足個人及團體的學習需求與目標。
- 為建立安全信任的團體關係，共同承諾的行為約定，必須是經過所有團體成員，共同討論認同的結果，而非來自少數個人的意見或外部的要求。完全價值承諾（FVC）不是不變的「規定」，而是團體認同可調整的「承諾」。
- 當團體因參與者特定的行為或認知，遇到衝突時，鼓勵參與者，積極面對問題與挑戰，並彼此給予適當而忠實的回饋。
- 強調對所有團體成員的尊重，提醒鼓勵參與者，當有任何對自己或他人「漠視」（Discount）或「去價值」（Devalue）的行為狀況發生時，都必須正面積極面對（Confrontation），不得逃避。

完全價值承諾──當西方遇到東方……

　　當我在研究這些理論與價值觀的過程中，腦海中不斷地浮現一個問題：「有沒有可能，在中國的哲學當中，可以找到類似的思想？」這幾年有了一些特別的發現。PA完全價值承諾（FVC），其宗旨為「完全的尊重接納每一位團體成員不同的想法與價值，包含對自己的尊重與接納」，這其中包含了個人和團體過去以及現在的經驗與事件，即使是失敗的經驗與不堪回首的事件，團體所有成員也都需要以完全的尊重，接納它們潛在的學習價值。柯漢有一句名言──"Our disabilities are our opportunities." 便是這個理念。

　　在國外的一些體驗教育的書籍與研究中，時常可以看到中國道家老子的思想，對西方國家的影響與啟發，尤其老子對「道」與「太極」的論述。在《道德經》中，有這一段文字：

　　　　「……有無相生，難易相成，長短相較，高下相傾，音聲相和，前後相隨。是以聖人處無為之事，行不言之教。萬物作焉而不辭，生而不有，為而不恃，功成而弗居。……」

　　　　　　　　　　　　──老子道德經　道經　第二章

　　沒有任何事物與經驗價值是絕對的正面或負面，它們都是彼此相互影響運作的，以一個失敗的決策經驗來看，表面上，對於團體而言，可能是一個錯誤的判斷，但如果勇於面對這個失敗的經驗，接受現況，將這個經驗加以檢討分析後，找到下一次成功的契機，這個原本「負面」、「錯誤」的失敗決策，卻成了下一個成功的基礎，「……有無相生，難易相成，長短相較，高下相傾，音聲相和，前後相隨……」便是這個道理。PA的完全價值承諾（FVC）便是要引導團體，建立這種完全尊重彼此價值的團體關係與環境。

　　談到這裡，許多讀者一定會好奇，在實務上，該怎麼做才能順利地在團體內，導入完全價值承諾（FVC）？若直接向團體說明並期待參與者遵行完全價值承諾（FVC），並不是一個實際的作法，畢竟，完全價值承諾（FVC）是美國文化的語言，面對東方文化的團體，這是一個新的名詞，意義不大，參與者不容易接受並且遵行這樣的約定。

　　以下是我的一些建議：

　　第一步，提供團體適當的團體互動經驗，讓團體與參與者體驗，透過團體的信任與支持，不斷地合作解決問題，可以帶來成就感及歸屬感的興奮，令參與者認同團體的價值。

　　第二步，引導團體，討論是否希望在課程活動期間，團體及參與者都能感覺信任、支持與學習？答案若為肯定，則建議以「我們的約定」或「團隊的承諾」為主題，讓參與者針對之前活動的互動經驗，討論出團體內彼此認

同的行為規範與約定。過程中，必要的時候，探索學習帶領者可介入團體，協助定義出屬於他們的約定。切記！要讓團體了解，做這件事並不是為了活動帶領者，而是為了他們自己，團體的成員必須對「我們的約定」負責。當完成「我們的約定」時，提醒團體，約定的內容，任何一位參與者若有不認同或認為需要修正的地方，隨時可以停止活動，進行討論與修改，直到團體內所有參與者都認同為止。

第三步，針對成人的團體，視當時的狀況，可進一步向參與者說明，為何需要在團體內設定行為規範，並期許參與者遵行約定，同時，分享完全價值承諾（FVC）背後的目標與價值，讓團體充分理解並支持這樣的作法。

第四步，安排適當的活動，讓團體練習實踐並檢視是否遵行「我們的約定」，以及實踐的程度。更重要的是，令參與者發現，團體以完全價值承諾（FVC）精神所發展的「我們的約定」，對該團體的學習及參與者個人的成長，有著相當大的助益。

結語

美國 PA 所發展的三個重要的理論價值觀：經驗學習循環（Experiential Learning Cycle）、自發性挑戰（Challenge By Choice）及完全價值承諾（Full Value Commitment），目的在於創造尊重、開放、信任、支持，以及鼓勵參與者勇

於挑戰與改變的學習情境。如圖 3-6 所示，於上一章節所提到的，探索學習（Adventure Learning）課程活動都包含了三個重要的構面 ABC：A 代表著「Affect 情意」、B 代表著「Behavior 行為」、C 代表著「Cognition 認知」。探索學習（Adventure Learning）課程不斷透過活動，創造風險壓力、團體衝突及未預期的成功經驗，讓參與者學習與改變，而經驗學習循環（ELC）、自發性挑戰（CBC），以及完全價值承諾（FVC）所塑造的情境，便是支持參與者與團體互動學習的重要價值觀與原則，以確保團體的學習成效與參與者之間信任支持關係。

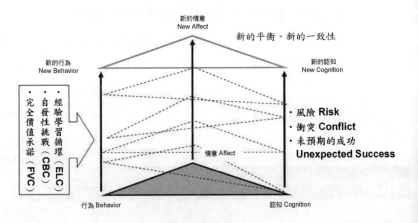

圖 3-6

經驗學習循環（ELC）、自發性挑戰（CBC）及完全價值契約／承諾（FVC），塑造尊重、開放、信任、支持，以及鼓勵參與者勇於挑戰與改變的學習情境示意圖

完全價值承諾與自發性挑戰是實務，並非束之高閣的標語！

　　許多從事探索學習課程的朋友，常向我表示，在他們服務企業的實務中，這些理念似乎無法實踐，甚至「會不會有一點鄉愿？！」「太學術教育了！」「太理想化！」「我的客戶根本無法說真心話，有時只是說一些應付的話語！」這些經驗與回憶，乍聽之下，的確令人沮喪。在我的實務經驗中，我認為完全價值承諾與自發性挑戰，是非常實務而且絕對可以被實踐在企業團體當中。我的看法有以下幾點：

身體力行、親身實踐，不要成為「鄉愿」！

　　探索學習帶領者必須親身以實際的行為，從第一時間與客戶的接觸，進行需求評估、溝通及設計，一直到執行課程活動，都必須以高度的紀律與自我要求，實踐完全價值承諾以及自發性挑戰。對於客戶的期許與需求，探索學習帶領者是否能積極專注的聆聽，還是只在乎交易是否成功？對客戶的回饋與反應，是否以同理心及高度敏感度，忠實地向客戶陳述您的觀察與感受以釐清疑慮？在與客戶或參與者的互動過程中，探索學習帶領者必須不斷地自我覺察，是否保持開放的態度，對客戶或參與者的任何選擇與決定，都能以自發性挑戰的原則，給予尊重，並同時提醒可能產生的相關責任與挑戰。

取得認同

我的實務經驗是，在與客戶進行評估設計的過程中，就必須讓客戶清楚了解，完全價值承諾以及自發性挑戰將如何協助團體進行學習，它們是團體運作的重要原則與價值觀，並非主要學習目標。因為有些客戶不希望讓課程活動有太多的訊息，以免失焦。執行課程活動過程中，透過適當的設計與安排，讓參與者感受與理解，為了讓團體有更好的合作互動與信任關係，團體需要一個彼此共同認同的行為態度規範，讓所有成員共同遵循。完全價值承諾以及自發性挑戰可以是一個很好的開始與參考。

發揮引導者的功能

您可能會問：「萬一，參與者就是說一套、做一套，怎麼辦？」套一句管理學上的一個用語：「別讓猴子跳到您身上！」探索學習帶領者的工作，並不是告訴或指導團體或參與者如何實踐這行為態度，探索學習帶領者必須發揮引導者（Facilitator）的功能，讓團體與參與者自己面對這些處境，並尋求解決之道。您可以從以下幾點下手：首先，必須先考慮這個議題的輕重緩急及所擁有的時間與資源，評估是否可以順利地解決這個困擾及可能會產生的影響，再決定是否介入，否則會有失焦的風險，這通常是客戶最介意的地方，他們更希望達到預期的學習目標；接著，以引導問句試探團體對於這個現象的反應與感受，評估團體或參與者是否願意面對這個議題，探索學習帶領者

介入時，必須取得團體的認同，當團體一片沉默的時候，便可能是一種「不認同」的訊息，需要提醒的是，當團體或參與者並未準備好面對這些議題時，探索學習帶領者需再度實踐完全價值承諾以及自發性挑戰，千萬不能對團體或參與者產生「自己的觀點是對的，團體或參與者是錯的！」的成見，探索學習帶領者必須保持中立：「團體和參與者會有這樣的行為與反應，可能有些訊息是我不知道的，他們會這麼做可能有一些原因！」持續觀察，等待下一次的機會；最後，當時機成熟時，探索學習帶領者以同理心及敏感度，忠實地陳述其觀察、假設與感受，以釐清疑慮，透過引導了解參與者認知與行為不一致的原因，促進參與者行為的改變。

探索學習帶領者需巧妙地將經驗學習循環（ELC）、自發性挑戰（CBC）及完全價值承諾（FVC），「融入」探索學習課程實務中，必定能讓課程活動與學習在流暢且連貫的狀況下進行，否則，會發生團體與參與者對活動熱烈投入與配合，但無法進行有效學習的窘況，只會浪費客戶的資源與時間，留下遺憾。

注 釋

① Ann Smolowe, Steve Butler, Mark Murray & Jill Smolowe, *Adventure in Business* （p.59）, Project Adventure, Inc., Pearson Custom Press.

② *Adventure Based Counseling Workshop Manual*（p.5）, Project Adventure, Inc.

③ Simon Priest & Karl Rohnke, *101 of the Best Corporate Team-Building Activities* （pp.98-99）, published by a TARRAK.

④ Simon Priest, Michael Gass & Lee Gillis, *The Essential Elements of Facilitation* （pp.48-51）, Kendall / Hunt publishing.

⑤ Simon Priest, Michael Gass & Lee Gillis, *The Essential Elements of Facilitation* （pp.48-51）, Kendall / Hunt publishing.

⑥ *Adventure Based Counseling Workshop Manual*（p.3）, Project Adventure, Inc.

⑦美國 Project Adventure, Inc.及 High 5 Adventure Learning Center 創辦人卡爾朗基（Karl Rohnke）口述分享的故事。

⑧ Jim Schoel & Richard S. Maizell, *Exploring Islands of Healing*（pp.11-13）, Project Adventure, Inc.

⑨ *Adventure Based Counseling Workshop Manual*（pp.2-4）, Project Adventure, Inc.

2

實務與反思

（Practice & Reflection）

第四章

需求分析與評估

談過了探索學習（Adventure Learning）發展的背景以及基本理論架構後，讓我們更進一步來探討：如何針對企業團體教育訓練，進行需求評估與課程規劃。首先，先來解釋探索學習與企業團體有效運作的關係。

探索學習與有效的團隊（Group effective model）①

探索學習並非「萬靈丹」，對於組織或團體內某些困擾或議題，其實早已超出探索學習所能處理或協助解決的範疇之外，探索學習所能發揮的最大學習改變及影響力的主要範圍，仍著重於團體成員之間的互動關係，以及價值觀或態度等較為抽象的議題上。

在討論如何促進團體／團隊更有效的運作之前，我們

必須先釐清：「何謂有效的團體／團隊？」一個有效的團
體／團隊，可以下列三項重要指標來檢示：

- 績效（Performance）：團隊的服務或產品符合或超
  越績效標準
- 合作過程（Process）：團隊具有良好合作共事的能
  力與環境
- 人員（Person）：透過團隊運作，團隊成員得以學
  習與發展

首先是「績效」，團體／團隊之所以存在，必然存在
其目的與使命，團體／團隊的任務，便是在達成或超越客
戶的期待與需求。以績效為指標的原因有二：許多團體／
團隊並未清楚的定義出「具體而且易於評價」的績效目
標；另外，團體／團隊可視為一個系統，團體／團隊的價
值，端賴於團體／團隊外部對其所提供之服務或產品的評
價。在這個前題下，團體／團隊必須以滿足「顧客」需求
為導向，不論是內部顧客或外部顧客。

接著是「合作過程」，團體／團隊要達到預定的目
標，必須透過縝密的合作與分工，完成一系列的工作任
務，團體／團隊是否具備支持信任的人際關係、流暢的工
作流程以及清楚明確的權責分工，將密切影響團體／團隊
合作共事的能力與條件。

最後是「人員」，管理大師彼得杜拉克在《下一個社
會》一書中曾提到，現在的企業已不像過去，過去資本勞
力密集，企業主提供資金、設備廠房以及就業機會，勞工
以勞力與青春換取經濟來源；現今及未來的經濟，將是知

識技術密集的經濟，企業組織員工多以知識工作者為主，雇主與員工關係已不再是單純的勞資關係，已轉變成更加彼此尊重的合作伙伴關係。員工要的不只是經濟來源，更渴望學習成長的機會與發展的舞台。

透過團體／團隊的合作與資源提供，團體成員得以學習且發揮所長。因此，我們便可以往下討論，如何促進團體／團隊更有效的運作，可就三個構面來分析討論：團隊背景（Group Context）、團隊運作的過程（Group Process）、團隊架構（Group Structure）（如圖4-1）。

團隊運作的過程與團隊架構，可視為一個團體／團隊的特性；而團隊背景則為團體／團隊所屬的組織狀況，而這些組織狀況背景卻直接間接地影響著團隊運作的過程與團隊架構。這三個構面的相互影響極其複雜。探索學習藉由對團隊運作的過程、團隊架構的引導與介入，而影響團體／團隊，促進團體／團隊對此三構面的釐清與定義，進而改善現況，提升團隊運作的效果與效率。

團隊背景（Group Context）

包含：企業組織是否擁有清楚且具共識的願景與使命？各部門團隊必須依循這個大前提，設定部門的目標與任務，甚至以該願景使命作為決策前的重要考量依據，以支持企業組織達成任務；企業組織是否具備相互支持的企業文化？企業文化指的是，企業組織內共同信仰遵循的價值觀與理念，信任與互相支持若為該組織企業文化的一部

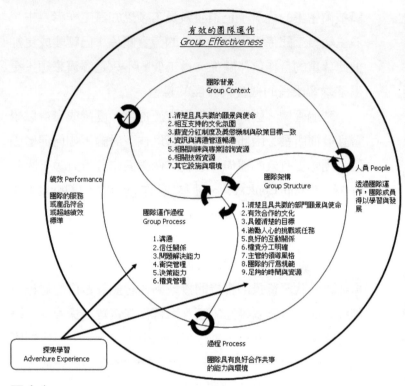

圖 4-1

有效的團隊（Group Effectiveness Model）②

分，將有助於有效團隊的運作；薪資分紅制度及獎懲機制
需與企業政策目標一致，否則團體／團隊或員工的行為，
會有與企業組織所期望的目標不一致的現象，產生管理上
的困擾以及不信任；資訊來源提供，是否正確？回饋溝通
管道是否暢通？例如市占率、成本分析、產能、良率、目
標時程及其他資訊，這些資料都有助於解決問題與決策；
企業組織是否提供相關訓練與專業諮詢資源、相關技術資

源及其他設施與環境？這些因素都會影響團隊運作的表現。

團隊運作的過程（Group Process）

團隊合作中溝通是最基本的工作，卻也是最容易因為團隊成員間未能有良好的溝通品質，而產生誤解和困擾，分享具體資訊以及釐清彼此的動機與假設，是作好溝通的第一步，探索學習（Adventure Learning）的介入與引導，便是提供團體／團隊進行溝通的有效工具；團隊成員間信任關係是否良好，將直接影響團隊的合作與溝通，探索學習（Adventure Learning）透過許多信任活動，引導參與者與團隊，覺察檢視彼此的信任關係；團隊問題解決能力也直接影響有效的團隊運作，「問題」即是在達成目標前，所遭遇的困難或落差，需要經過問題的定義與釐清，尋求可能的解決方案，評估可能會遇到的困難，收集必要的情報與資訊，經過評估，選擇最佳的解決方案，最後，評估其效益等一系列的行動；團隊的決策能力，意指對某一議題達成結論與共識，促進團隊建立共識，以良好的溝通與信任為基礎，作出更好的決策；團隊合作過程中衝突難免，更重要的是如何管理衝突，適時運用不同的協調溝通策略，合作共事，共同達成團隊的目標；一個有效的團隊必須要有清楚明確的權責管理，以界定彼此合作關係及相關績效標準。

團隊架構（Group Structure）

　　一個有效的團隊必須依據企業組織的願景與使命，定義出明確而具共識的部門任務與使命，畢竟「為何而戰？」是團隊展開一系列行動的第一個疑問，讓團隊成員清楚的了解部門所賦予的任務與挑戰，是重要的第一步；團隊必須營造有效合作的文化與氣氛，讓團隊成員依據共同認同的價值觀一起工作，互相支持；一個激勵人心的挑戰或任務，有助於提升團隊成員的參與感與投入度，提升團隊成員對任務目標的責任感與擔當，進而，提供學習成長的環境以及發揮長才的舞台，這些都有助於團隊有效的運作；團隊內良好的互動關係，包含了相互欣賞、學習、尊重與鼓勵，團隊內每一位成員都具備不同的專業與經驗，團隊的合作，不只是完成個人工作，更重要的是透過合作，相互激勵學習，共同完成複雜且不可能獨自完成的任務與挑戰；團隊內部分工必須權責明確，包含主管，以利團隊合作與管理；不同的主管，會有不同的領導風格，沒有好壞之分，只有適不適合團隊任務與使命，主管的領導方式會直接間接地影響所有團隊的運作過程與決策；團隊的行為規範，意指團隊成員共同期望彼此對待與合作的行為與態度，建立與落實團隊行為，有助於團隊信任與合作的效率；足夠的時間與資源，指的是團隊需要合理的時間以完成工作任務，另外，團隊成員亦需要足夠的時間與資源，進行進修與學習，以提升能力。

　　我們簡單地討論了如何增進團體／團隊運作的效果與效率，我必須再次提醒大家，探索學習並非「萬靈丹」，對於組織或團體內某些困擾或議題，其實早已超出探索學習所能處理或協助解決的範疇之外，但，探索學習課程活動，對團隊運作的過程以及團隊架構中的議題而言，是一個相當好用而有效的引導學習與改善的工具。

需求與目標評估

　　接下來，我們要討論的是，如何與您的客戶一起進行學習目標需求評估。精確且明確的需求釐清與定義，將會讓探索學習課程效益更加事半功倍，所以，協助客戶分析與訂定適合且實際的學習目標，亦為探索學習規劃者或帶領者應具備的必要專業能力。過去常發現，若未經縝密的需求評估，而貿然進行課程設計，甚至執行課程，最後的結果，大多都無法達到有效的學習，客戶對實際的結果與預期有落差；參與者或團體對課程感到疑惑，甚至質疑；團體帶領者需面對所有混沌不明的狀況，而感受到莫大的壓力，即便完成課程活動，不見得會得到客戶的認同與信任。需求評估的五個原則，如下：

原則1：互信互敬夥伴關係

　　從一開始與客戶接觸，探索學習規劃者與帶領者，就

必須循序漸進地與客戶建立「夥伴關係」，而非單純的「客戶關係」，不斷地藉由彼此的相互學習與資訊的交流，建構互信互敬的互動，在評估討論的過程中，以尊重開放的態度面對客戶的選擇與決定。

對探索學習規劃者與帶領者而言，大多的作法為面談會議、深度會談、評估問卷、員工或客戶滿意度評估等方式進行評估與分析；另外，探索學習規劃者與帶領者非常關切一些「隱藏的訊息」，如客戶對某一事件或議題的反應或情緒、公司或部門氣氛等檯面下的議題。對於這些訊息，探索學習規劃者與帶領者必須聆聽觀察客戶所有的語句表達及其背後的訊息，以開放且不帶任何價值判斷的開放性問句提問釐清問題，分享你的觀察與假設，透過深度匯談，試著探索潛在的衝突與矛盾。記住，客戶是探索學習規劃者與帶領者的夥伴，而非單純的業務客戶關係，探索學習規劃者與帶領者的責任在於，建立互信合作關係，協助你的「夥伴」解決問題，滿足他們的期望。

原則 2：客戶才是「專家」

探索學習規劃者與帶領者，是探索學習的「顧問專家」，以過去的習慣與認知，扮演著「解決方案」提供者的角色，針對客戶所提出的內部困擾或問題需求，經過分析判斷後，提出其見解以及進一步的建議。這樣的過程非常有效，對症下藥！在評估的過程中，規劃者與帶領者對客戶所提出的議題，以他的經驗與專業，提出假設與推

論，進一步試圖說服客戶，若要有效的解決問題，可採用規劃者與帶領者所提出的解決方案。但這樣的作法，強調「客戶的需求」與「顧問專家的提供」單向的互動，可能會限制了雙方（顧問與客戶）雙向分享學習與共同成長機會，而課程的規劃與執行，只侷限在探索學習規劃者與帶領者身上，客戶本身無法有太多的參與。

探索學習規劃者與帶領者需創造合作的關係，視客戶為真正的「專家」，因為客戶本身最了解公司組織所面臨的困擾與挑戰，透過開放而深度的引導匯談，分享所有相關資訊以及不同的觀點，與客戶共同定義問題釐清原因，共同腦力激盪可能的作法。這樣的過程，強調「雙向」與「共同」的互動交流。探索學習規劃者與帶領者不以「專家」自居，更應該讓客戶理解，他們自己才是真正的「專家」。在需求評估階段，探索學習規劃者與帶領者的工作是，除了提出更為細膩的觀點與推論外，同時，創造客戶學習的機會，以增進客戶的能力，提升企業競爭力。

原則3：多元的觀點

解析問題或需求的評估過程，是相當複雜的過程，對於公司組織的特定議題，對組織團體中的每一個成員而言，都有自己的認知，需要廣泛地收集與分析這些不同的看法，才能更有效地看清楚整體的狀況，探索學習規劃者與帶領者絕不能完全單靠來自高階主管或人力資源部門的訊息與觀點來決定作法，因為他們容易從自身的立場與角

色出發，作出定論，若探索學習規劃者與帶領者完全接受這些觀點，容易產生片面的成見。

所以，探索學習規劃者與帶領者需不斷地透過與公司內不同角色與職掌的對象進行匯談與資料收集，同步將這些不同的觀點，回饋給高階主管及人力資源部人員，進而促進釐清與修正問題背後真正可能的原因，這樣的過程，將帶給客戶更多的覺察與學習的機會。探索學習規劃者與帶領者對於這些觀點，必須保持「中立」及「保留」的態度，隨時保持懷疑，「這是這位主管觀察與觀點，那事實是什麼？」以具體事實與資訊作為判斷依據。經由這些澄清的過程與溝通，才能更清楚了解哪些是高階主管期望傳遞的訊息與理念、哪些是不宜提出的議題，如此一來，課程真正的學習目標便呼之欲出了。

原則 4：探索學習可以發生在評估過程

在客戶進行需求評估時，適當地提供客戶體驗探索學習活動，具有相當正面的幫助，這樣的安排有許多好處：提高客戶對探索學習的興趣與好奇，打破與客戶之間的藩籬，進而對探索學習的執行方式有更多的理解與認知。另外，若與其他顧問專家合作，更可透過探索學習的活動經驗，分享不同的觀點與經驗，進而建立對該議題一致的認知與合作共識。換句話說，對探索學習規劃者與帶領者而言，探索學習經驗可視為協助發展客戶與工作夥伴關係的有效工具。所以，探索學習不只是學習工具，亦是促進與

客戶與工作團隊互動合作的方法之一。

原則5：管理客戶的期待

成功而精確的需求評估，提供明確、具體且實際的目標與期待，這些期待決定了整個課程活動的架構、基調、節奏、內容及進行方式。模糊甚至不實際的期待，只會造成時間與資源的浪費，而最後的結果可能以悲劇收場，客戶對所提出的作法表示失望；探索學習規劃者與帶領者對無法滿足客戶需求，感到內疚；參與者對課程活動感到疑惑甚至觀望，同時，也影響了對公司或承辦單位的認知與信任。

探索學習規劃者與帶領者為了有效的管理客戶的期待，必須協助客戶定義更具體且可評量的指標，例如：

- 在這次的課程活動中，最重要也最有價值的一件事是……？
- 這次課程活動成功與否的關鍵評定基準為何？
- 如何判定團隊行為的改變？
- 就績效與生產力而論，3至6個月後，期待有什麼改變？如何判定？
- 藉由這次的課程活動，期望哪些行為能力明顯改善？哪些行為漸漸消失？
- 期待形成什麼樣新的行為模式？

以上都是在評估階段，就必須與客戶一起討論定義，加上對整體狀況的分析、資源、時間、人力等客觀條件的

反覆推演，探索學習顧問（專家）必須與客戶達成對學習
目標一致的認同。完善的需求評估以及明確而實際的目標
設定，是課程活動成功的一半。

需求評估的幾個步驟：

步驟 1：誰是真正的客戶

通常直接間接地透過電子郵件或電話找到我，希望我
幫他們解決一些困擾的人，大多不是真正的客戶：「吳先
生，您好！聽說您的專長是在提供團隊相關的課程服務？
我們公司目前正針對主管，想要安排一些團隊的訓練。」
聯絡我的正是一位人力資源部門的管理人員，他並非真正
的客戶對象，他只是協助承辦聯繫相關業務，我將他稱為
「間接客戶」（見圖 4-2）。有時候，會接到主管的助理
或秘書的來電，表明需要請我去一趟他們的公司，部門主
管希望請我協助處理一個訓練課程，這位助理或秘書，則
稱之為「窗口客戶」，他們也不是主要客戶。真正的「主
要客戶」即是未來課程活動的參與者，我們必須清楚的確
認主要客戶對象，才能進一步進行需求評估，若未能釐清
「間接客戶」、「窗口客戶」及「主要客戶」的互動關
係，常會發生訊息不完整或不正確的狀況發生，輕則影響
對於客戶需求的錯誤判斷；重則可能在取得高階主管最後
裁示時，發現「間接客戶」主觀的「揣測上意」，造成對
最後提案的嚴重錯誤。對探索學習規劃者與帶領者而言，

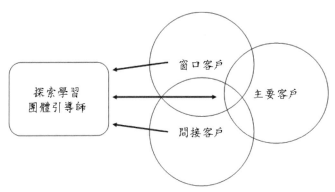

圖 4-2
探索學習引導師與各類客戶的關係③

在一開始便能清楚地確立你的真正客戶，釐清誰是你即將
面對的團體，對於後續的需求評估都相當有幫助，接下
來，便可以安排相關會議了。

步驟 2：需求評估與匯談

需求評估會議非常重要，所有關鍵的相關人員都必須
到齊，分享相關資訊及提出他們的觀點與動機。需求評估
會議可分為三部分：首先，探索學習規劃者與帶領者向所
有客戶說明探索學習課程執行方式，協助客戶了解如何運
用探索學習工具，解決他們的困擾，滿足他們的期待；再
者，不斷透過結構性開放問句，提出疑問，企圖收集更多
資訊，以釐清問題背後潛藏的原因，這些結構性開放問
句，可依照團隊背景、團隊運作的過程、團隊架構這些構
面來設計：

定義問題或困擾

- 請仔細描述您所遇到的狀況與困擾，有沒有具體的例子？
- 團體／團隊成員有什麼特定的行為或作法，令您覺得這是一個困擾？有沒有具體的例子？
- 這樣的狀況或困擾持續多久了？發生的頻率如何？會不會和特定的狀況或特定人員有關？
- 這樣的狀況或困擾是從什麼時候開始的？當時或在這之前，有沒有發生一些可能相關的特別事件？
- 團體成員對於這樣的狀況或困擾，他們的回應是什麼？您的處理方式是什麼？
- 這樣的狀況或困擾，對團體產生什麼影響或結果？

團隊組織背景、團隊運作的過程、團隊架構中潛在的問題

- 對於這樣的狀況或困擾，您覺得可能的原因是什麼？有哪些實際發生事情或狀況，讓您有這樣的想法？
- 團體是如何面對這些狀況或困擾？內部的溝通如何？有沒有衝突？合作的狀況如何？這些狀況有沒有可能是原因之一？為什麼？
- 團體是否具備清楚的目標？團體成員對於這些目標與工作的態度與反應如何？團體成員是否適任？這些狀況有沒有可能是原因之一？為什麼？
- 團體內有無彼此認同的行為規範？團體的共同價值

觀及信仰為何？這些狀況有沒有可能是原因之一？
為什麼？

- 公司組織如何協助團隊，解決問題？企業是否具備
清楚且共同認同的使命與願景？企業的氣氛與文化
是否支持團體合作信任？公司的獎懲制度是否與目
標政策一致？這些狀況有沒有可能是原因之一？為
什麼？

- 團體成員是否得到足夠的資訊，足以協助解決問
題？有沒有足夠的資源與訓練？這些狀況有沒有
可能是原因之一？為什麼？

- 這個團體過去的發展背景？團體成員間的互動關係
如何？主管的領導風格為何？有什麼影響？

- 目前團體合作的過程與結構如何？

- 您覺得其他團體成員會如何看待現在的狀況或困
擾？他們會不會同意您的看法？

相關經驗與動機

- 有沒有任何重要或特別的經驗或資訊，可能影響課
程的學習效益？

- 您是否做了其他的努力，試圖改善現在的狀況或困
擾？結果如何？

- 為什麼您覺得探索學習課程活動可以改善現在的狀
況或困擾？

- 您覺得這個團體的優勢在哪裡？要怎麼做才會讓他
們運作得更好？

客戶的期待

- 在這次的課程活動中，最重要也最有價值的一件事
  是……？
- 這次課程活動成功與否的關鍵評定基準為何？
- 如何判定團隊行為的改變？
- 就績效與生產力而論，3 至 6 個月後，期待有什麼
  改變？如何判定？
- 藉由這次的課程活動，期望哪些行為能力明顯改
  善？哪些行為漸漸消失？
- 期待形成什麼樣新的行為模式？

需求評估會議的最後一個部分就是，探索學習規劃者
與帶領者提出觀點與推論，並與客戶討論澄清，取得對學
習目標的共識。探索學習規劃者與帶領者經過一系列的匯
談後，必須在最短的時間內，加以歸納理解後，協助客戶
整理出可能的解決方式或建議，進一步定義明確的執行目
標。

步驟 3：達成共識

透過需求評估後，所產生的學習目標，必須一再與主
要客戶進行確認，在有限的資源與條件下，達成目標，而
這些目標內容必須受到高階主管的認同，以及與公司的政
策一致，否則結果將會徒勞無功。必要時，這些目標都必
須取得所有主要客戶的認同。在這個階段，探索學習規劃

者與帶領者必須保持最高的敏感度，用心觀察與聆聽所有相關人員對學習目標的回饋，以便不斷地調整與修正自己的假設與觀點，與客戶不斷溝通，直到取得一致的共識。

結語

　　沒有經過精確而具體的需求評估所執行的探索學習課程活動，是浪費客戶的時間與金錢。若以80/20法則來看，探索學習管理者及帶領者，必須深刻的理解，百分之八十的訓練成效，來自百分之二十的課前評估工作。不僅是在我自己的實務經驗，包含許多其他朋友在執行探索學習課程的經驗，都一再驗證了這一點。在這個章節的最後，我必須再次提醒所有執行或即將執行探索學習課程活動的規劃者及帶領者，千萬不要漠視與低估客戶實際目標需求的評估工作，需以高度的同理心的好奇心，敏銳的觀察與解析所有與客戶的互動與回饋，否則，結果可能只是「有趣卻無學習價值的活動」加上「缺乏共識、信任與學習的對話內容」的尷尬經驗。

注 釋

① Roger Schwarz, *The Skilled Facilitator* （pp.17-39）, published by Jossey-Boss.

② Roger Schwarz, *The Skilled Facilitator* （p.37）, published by Jossey-Boss.

③ Roger Schwarz, *The Skilled Facilitator* （p.275）, published by Jossey-Boss.

第五章

團體評估
G. R. A. B. B. S. S.

　　探索學習是一種以團體動力為基礎的團體學習過程，我常強調「團體是有思想與生命力的有機體」，透過活動與帶領者的引導，團體的互動會讓團體內的動能不斷改變，所以，團體絕不會很理想的完全按照當時的規劃與設計，達到預期的目標，團體不能被外力（規劃管理者及帶領者）控制，但可以被引導。美國 PA 所發展的一套團體評估工具，相當實務且易於上手，總共有七項指標[①]：

- 目標（Goal）
- 準備度（Readiness）
- 情緒感受（Affect）
- 行為（Behavior）
- 生理狀況（Body）
- 外部環境（Setting）
- 團隊發展階段（Stage of Development）

這個團體評估工具（簡稱 G. R. A. B. B. S. S.），提供

了探索學習規劃管理者及帶領者（引導師）簡單且實務的檢視工作，藉以評估團體及參與者於課程活動課前及執行中的變化，以便進行適當的設計與調整，引導團體與參與者進行學習。以下，則是我在實務上所運用的經驗：

目標（Goal）

目標（Goal），包含學習目標、團體目標及個人目標。與主要客戶所確立的學習目標，不見得是團體及參與者個人的需求，探索學習管理規劃者與帶領者如何有效地透過活動設計與引導，兼顧學習目標、團體需求以及參與者個人需求，將是一大挑戰。以企業文化價值觀為主題的訓練課程為例，導入一致的企業核心價值觀是企業文化訓練的主要學習目標，站在高階主管與人力資源管理者的角度，如何讓所有參與者，都能對這些價值觀有充分的了解與認同，是他們迫切的期望。但對於被要求強制參加的參與者而言，對於課程，他們則有不同需求與認知，例如：「能不能學到一些有用的東西？」「這些資訊能不能解決我工作上的困擾或問題？」「公司的作法會不會影響我的工作？」「如果是這樣，我需要花更多時間在工作上嗎？那我的收入會增加嗎？」「公司這次又再玩什麼把戲了！」等。當不同需求籠罩了整個會場時，如果探索學習管理規劃者與帶領者只是扮演「傳話者」或「打手」的角色，只顧及間接客戶（高階主管或人力資源管理者）的期待，而完全漠視團體與參與者的需求，將會造成團體參與者與間

接客戶（高階主管或人力資源管理者），甚至帶領者之間的不信任，這樣的結果，將會限制整體的學習效益，甚至有後遺症。精準地掌握團體的狀態與學習目標，才能掌握團體，挑選適合的活動。

　　探索學習管理規劃者與帶領者需要評估：

- 除學習目標外，什麼是團體及參與者個人的目標需求？
- 團體對學習目標是否有充足的資訊與正確的認知？
- 課程活動中，團體是否具備足夠的能力解決問題，達成任務？
- 課程活動中，團體是否具備足夠的能力與條件，作出承諾？
- 課程活動中，團體是否聚焦在彼此共同認同的目標上，包含學習目標？

準備度（Readiness）

　　準備度（Readiness），意指團體或參與者對於下一個目標或挑戰的準備度。當探索學習課程規劃者與帶領者在安排活動及帶領團體時，必須循序漸進，考慮團體及參與者的能力與條件。探索學習管理規劃者與帶領者，可就以下幾點評估團體與參與者的準備度：

- 是否準時出席？服裝是否適當？出席率如何？
- 參與者對於課程活動的目的宗旨是否了解？
- 面對下一個目標或挑戰，團體或參與者是否具備相

對應的能力？

- 團體面對失敗經驗的能力如何？他們的反應是什麼？
- 團體是否擁有足夠的時間，以達到目標？
- 對於體驗後的活動經驗，團體及參與者是否對真實生活工作產生類比連結或啟發？
- 團體內，是否有正向的互動與回饋？

情意感受（Affect）

情意感受（Affect），團體進行互動的過程中，每一位參與者，必定會對該事件或經驗產生「情意 Affect」，一部分是內在感覺，另一部分則是反應表現於外部行為的情緒表達。探索學習管理規劃者與帶領者，可就以下幾點檢視團體及參與者的情緒感受：

- 參與者對活動是否感到有趣？愉悅？
- 團體的動能與氣氛如何，興奮、沮喪，還是……？
- 團體內，對於不同的觀點與價值觀，是否保持開放傾聽？
- 團體成員是否以同理心顧及夥伴的想法與感受？
- 團體內，參與者彼此信任的程度如何？
- 團體成員間是否願意互相支持合作？
- 團體成員間是否互相接納與尊重？

行為（Behavior）

　　行為（Behavior），不只是參與者個人的行為，更包含了團體內所有參與者彼此互動的行為。當觀察團體或參與者行為時，需不忘檢視他們的行為表現與認知是否不一致。探索學習管理規劃者與帶領者，可以從以下幾點著手：

- ・參與者參與活動的程度如何？
- ・團體及參與者是否仍聚焦在當前的問題或挑戰？
- ・團體成員是否互相合作？
- ・團體內是否形成特定的領導者角色？
- ・團體如何面對挫折？
- ・團體是否具冒險精神？
- ・團體成員間是否願意彼此尊重及分享？

生理狀況（Body）

　　生理狀況（Body），進行任何體驗活動前，無論探索學習管理規劃者或帶領者，都必須考量參與者的身體狀況，以安全為最高原則。依據參與者的生理狀態，適時調整課程活動，讓參與者以最良好的身體狀態下，進行學習：

- ・有沒有任何參與者有身體不適或不方便的狀況？
- ・參與者體能狀況如何？是否需要休息？
- ・參與者精神狀態如何，團體是否仍保持專注？是否需要休息？

- 參與者的肢體語言是否傳遞了一些訊息？需要調整一下嗎？
- 在這個活動中，該怎麼做，才能讓團體重新再振奮起來？

外部環境（Setting）

外部環境（Setting），外部環境包含硬體的教室會場、設備等設施，到周圍的人員、場景甚至文化氛圍等，也會影響團體的互動與學習。探索學習管理規劃者或帶領者，必須在執行課程活動前或過程中，注意以下細節：

- 周邊的環境可能會對團體，造成什麼影響？
- 是否有足夠的資源得以進行課程活動？如：場地大小、格局、硬體設施等。
- 雨天備案是什麼？
- 周邊有沒有團體以外，卻可能會影響團體的人員？如：高階主管、遊客、家人等。
- 團體成員組成為何？有無不同國籍、文化及背景？

團隊發展階段（Stage）

團隊發展階段（Stage）指的是Tuchman所提出的「團隊發展四階段」（Stages of Group Development），分別為形成期（Forming）、風暴期（Storming）、規範期（Norming）及績效期（Performing）。隨著團體不同的發展狀

態，探索學習帶領著從一開始，面對新團體的集權指導，漸漸的釋放權力，調整帶領者自己的角色與權力配置，到最後已是成熟績效期的授權引導。探索學習管理規劃者與帶領者，可依據以下二點檢視團體發展的程度：

- 目前的團體，探索學習帶領者需要釋放多少主控權，是完全集權，還是完全授權？
- 團隊目前的發展狀態為何？處於形成期、風暴期、規範期，還是績效期？

團體評估工具 G. R. A. B. B. S. S.是一套相當實務而且容易操作的工具，發源於心理諮商的檢視工具 BASIC-ID（Behavior, Affect, Sensation, Intelligence, Cognition, Identity, Drugs）②，探索學習管理規劃者與帶領者可以充分運用 G. R. A. B. B. S. S.，來「解讀」（Read）團體，而在執行活動過程中，探索學習帶領者不斷以上述檢視要點，檢視團體，以充分掌握團體的狀態。

探索學習帶領者的自我檢視

在使用 G. R. A. B. B. S. S.檢視團體的同時，有一件重要的工作，通常是探索學習帶領者會忽略的，就是探索學習帶領者的自我檢視。團體帶領者需要對自己內在的感受與身心狀況不斷的覺察檢視，因為，當團體帶領者未作好完全準備，面對團體時，將會影響對團體與參與者的觀察及判斷力，同樣的，探索學習帶領者也可以用 G. R. A. B.

B. S. S.檢視自己的狀況。

目標（Goal）

探索學習帶領者自身必須了解學習目標、團體及參與者個人的需求，應以中立的立場面對客戶與團體。探索學習帶領者必須自問：

- 我是否了解協助確立目標的步驟與流程？
- 我是否能夠透過這些活動經驗，引導參與者確立目標？
- 我是否協助團體釐清目標？
- 我是否誤將自己的目標或需求投射在團體中？
- 我是否保持中立且開放的態度，協助團體學習？
- 我自己對團體的投入度與承諾如何？

準備度（Readiness）

探索學習帶領者需確認自己準備的狀況：

- 我是否將所有需要的器材、裝備及教材準備就緒？
- 對於即將進行的活動，我是否熟悉或受過訓練？
- 對於即將進行的活動，其他帶領者是否熟悉或受過訓練？
- 對於所有的安全事項，是否完成所有的確認與準備？
- 必要時，是否需要作任何調整？

情意感受（Affect）

　　探索學習帶領者需內觀自己的感受與心路歷程，隨時讓自己保持最好的狀況：

- 我是否了解此刻自己的心情與情緒（生氣、害怕、憤怒、焦慮不安、喜悅、平靜、感動等）？
- 我現在的心情與感受是否適當？對團體的影響是什麼？
- 對於團體情緒上或非口語的訊息與反應，是否可以適當的回應？
- 與團體互動的過程，是否愉快？
- 團體沉默時，我的反應如何？能否適當處理？
- 我的直覺是什麼？
- 我對這個團體的投入度與承諾如何？

行為（Behavior）

　　探索學習帶領者需自我反省，是否依據團體不同的發展階段，調整帶領者應扮演的角色，表現出適當的行為：

- 面對目前的團體，此刻我該扮演什麼角色，需表現出什麼樣的行為（觀察、指導、授權、支持等）？
- 我自己的「界限」（Boundary）在哪裡？
- 我是否將自己的想法與需求投射在團體上？
- 面對自己的錯誤，是否進行檢討？

- 是否以太多過去帶領團體的習慣經驗與認知，轉移到現在的團體？

生理狀況（Body）

帶領團體是一件相當耗費體力與心神的工作，探索學習帶領者需隨時確認自己的身體狀況：

- 我現在的身體狀況如何（疲倦、勞累、體力充沛等）？
- 我是否過度勞累，導致精神無法集中？
- 我是否有足夠的休息？
- 我是否承受了來自團體或參與者的負擔？如何適當處理？

外部環境（Setting）

探索學習帶領者需評估外部環境對自己的影響：

- 活動會場對執行課程活動的影響如何？
- 自己對不同文化背景的團體，是否保持尊重開放？
- 對於團體以及相關影響外部環境，是否也對自己造成影響？
- 天氣狀況是否造成影響？

團隊發展階段（Stage）

以團體發展階段來檢視團體，對於掌握團體，是相當有效的方法，探索學習帶領者可多加運用：

- 我是否了解如何運用團體發展四階段？
- 我是否了解如何評估團體狀態？

結語

探索學習帶領者和團體之間的關係，就像跳探戈一樣，隨時要留意與團體之間協調的互動，如果過於急切，團體感受到過大的壓力，容易以沉默或不信任回應，而限制了他們的學習；如果節奏太慢，團體會感覺無趣、浪費時間，甚至懷疑課程活動可以帶給他們的幫助。探索學習的團體工作不同於傳統的講授教學，團體隨時會因為成員之間的互動或外部的介入，而產生變化。美國 PA 所發展的 G. R. A. B. B. S. S.，提供了探索學習管理者與帶領者，隨時評估掌握團體的狀態與發展。更重要的是，探索學習帶領者亦需不斷地以 G. R. A. B. B. S. S. 作自我檢視，讓自己隨時以最好的狀態，「與團體共舞」。

注 釋

① Jim Schoel & Richard S. Maizell, *Exploring Islands of Healing*（p.67）, Project Adventure, Inc.

② Jim Schoel & Richard S. Maizell, *Exploring Islands of Healing*（p.66）, Project Adventure, Inc.

第六章

課程活動設計

　　課程活動設計是將評估後明確的學習目標付諸執行的重要階段，就像蓋房子前的施工藍圖，需要考慮客戶實際需求、預算、時間、人數等許多因素，加以整體評估規劃，在有限的時間資源內提供最好的課程內容，滿足客戶的需求。美國 PA 以及其他許多體驗學習機構，過去三十多年來，發展了數千個體驗活動，其中又以美國 PA 及 High 5 Adventure Learning Center 創辦人之一的卡爾朗基（Karl Rohnke）所開創的活動最具代表性，卡爾朗基（Karl Rohnke）帶領團體學習的領導風範亦是我景仰學習的對象。如何在眾多的體驗活動當中，挑選合適的活動？如何安排這些活動？這些都是在規劃設計時，需要做的功課。下列為探索學習課程規劃者在設計階段，需要考慮的問題：

- 團體或參與者對於課程活動是否有足夠的準備，包括生理與心理上的準備？
- 根據客戶的需求，應該將課程設計在什麼樣的基調

（Tone），最適合這次的團體與參與者？

・團體或參與者的「界限」（Boundary）在哪裡？
（不合適的活動或議題等）

・探索學習帶領者對這些活動的理解與信心程度如何？（若連自己都無法對這些活動有信心，更別說團體或參與者會受到影響與啟發了！）

・探索學習帶領者是否熟悉所有活動的運作？尤其是與安全相關的事宜。

・目前團體的狀態如何？

・課程活動順序安排是否妥當？

・執行課程時，因應團體動力的發展與變化，有沒有合適的應變計畫？

・如何透過活動情境設計，讓團體與參與者對課程活動有更多啟發與聯想，以促進訓練移轉？

・課程結束後，客戶端是否有任何後續相關行動或活動？

・這次的課程活動有多少預算與資源？該如何規劃這些活動與相關人力？

　回答以上問題時，需不斷將客戶的需求與期許，進行分析與討論，除此之外，如果夠敏感的話，所有的會議過程中，有許多有價值的訊息，不斷地釋放，如果細心收集，對於評估團體與參與者的狀態，往往會有出乎意料的收穫。

設計步驟

完成一連串的評估與分析後，準備進行課程活動的規劃與設計，實務上，在設計一個探索學習課程活動時，有六個步驟。這個部分我將以一個實際的案例輔助說明，但為尊重客戶的機密，在後續的描述中，將不提及與客戶相關的資訊及機密細節。

步驟1：團體目前的狀態與學習目標——團體現在在哪裡？

首先，透過需求評估與分析（請參考第四及第五章內容），探索學習規劃者及帶領者，已明確掌握客戶需求以及團體狀態。以一家台灣的科技公司「X公司」為例，經過與客戶的密集訪談與討論後，有以下結論：

團隊背景（Group Context）

- X 公司績效不如預期，同仁普遍缺乏成就感，士氣低迷。
- 於第一次的訪談中，人力資源部門及主管均表示，在這種士氣低迷的氣氛下，同仁的紀律也明顯出現管理上的困擾，眼看競爭對手不斷擴廠，不免對公司未來發展產生一些好奇與疑慮，同仁似乎對公司長期的策略目標未有清楚的了解。

- 公司以部門內面臨的問題以及如何提升公司整體士氣為題，進行個別座談，與員工溝通。

團隊運作過程（Group Process）

- 透過與人力資源部門人員面談及員工座談的記錄，推論主管管理與決策能力，仍有改善的空間。
- 總經理上任後，認為組織分工權責不明，於是，對組織進行改組，此舉必對部分主管有一些衝擊。此外，總經理也觀察到主管之間存在著嫌隙與本位主義。

團隊結構（Group Structure）

- 針對新的組織分工，總經理分別與主管討論該部門的任務與目標，他表示，各部門主管應該都很清楚他們該達到的目標。
- 總經理強調，X公司的首要的工作就是創造成功經驗，將績效做出來，以提升公司整體士氣。

以 G. R. A. B. B. S. S. 檢視團體：

目標（Goal）

- 透過活動，協助主管團隊，對「組織變革」產生新的認知──「組織變革」所產生的影響是暫時的，所有的主管必須以整體公司績效為著眼點，增進主管團隊對新組織與策略之認同與共識，一起為組織

創造績效，提升公司士氣。

- 藉著一系列的信任活動，建立主管團隊內的信任行為與信任感。

- 部分主管對於新總經理的作法與期望保持觀望，透過活動，增進彼此的交流與溝通，對於公司未來發展有更進一步的共識。

我的觀察與推論：

- 這次的組織變動並非第一次，不知道其他主管如何看待？值得觀察。

- 總經理過去有相當出色的管理績效，對部屬也是相當用心的主管。但他積極的管理領導風格，不知道其他主管如何看待？值得觀察。

- 對於往後 X 公司的發展，總經理有自己的管理策略及步驟，主管團隊應該有許多亟待彼此溝通協調、彼此理解的地方，但總經理表示，他非常清楚的知道，這應該不是這次訓練課程可以解決的。這次的主管活動，目標僅為團隊建立與發展，發展團體內成員的信任行為與氣氛，以協助總經理後續的管理與運作即可。

- 另外，可透過活動，讓總經理對自己的領導風格以及他的主管團隊，進行覺察與檢視。

準備度（Readiness）

- 這次的課程活動，總經理要求所有主管務必出席，不得缺席。過去公司內部也有類似的會議集會，人

力資源部門人員表示，主管都可以配合。

· 除總經理及人力資源部門人員外，其他主管對這次的課程活動的主旨以及所要達到的目標，認知有限。

· 需要提醒所有參與者，著適合的服裝，以進行戶外活動。

生理狀況（Body）

· 主管們平均年齡約 40 歲左右，身體狀況良好，可進行戶外活動。

· 大多數主管為男性，只有少數女性主管。

外部環境（Setting）

· 活動場地為專業的教育訓練中心，影音設施完備，調性與課程活動主題契合。

· 會議室大小適中，可於室內操作活動與討論分享，隔絕性佳，不受外界干擾。

· 參與者為所有主管及總經理，現場除人力資源部門工作人員外，無其他人員。

· 所有主管皆為台灣人，無外籍主管。

團隊發展階段（Stage）

· 為了在短時間內，讓團體進行有效的互動與學習，團體初期，探索學習帶領者可以以集中權力的方式進行引導與指導。

· 由於團體中，新加入了一位總經理，並於近日進行

組織異動，團隊目前的發展狀態，推論為形成期（Forming），往風暴期（Storming）移動。

步驟 2：完全價值的團體行為——您希望將團體帶到哪裡？怎麼做？

　　探索學習強調透過團體動力與實際體驗的經驗，促進學習與改變，為達到預期的學習目標及滿足參與者個人的需求，探索學習規劃者及帶領者，必須在課程活動過程中，不斷地鼓勵、引導與指導參與者，在團體當中展現適當的團體行為，互相支持學習。以上述案例為例，為達到上述學習目標，建立主管團隊的信任關係，主管團體之間的行為，以完全價值承諾展開（選用 Be here, Be safe, Be honest, Be open, Let go and move on, Commit to goals 版本內容）：

- 積極參與（Be here）：對於主管，強調對課程活動的參與與投入，感覺有趣興奮，並對於活動所帶來美妙經驗產生連結與啟發。
- 注意安全（Be safe）：強調每一位主管需對活動以及團體成員的互動，提高專注力，注意人際之間的適當界線，理解自己在活動中及團體角色扮演中須有的責任與義務，當然，必須關照自己以及他人的生理上的安全。
- 陳述事實與感受（Be honest）：主管需對自己的想法、假設以及感受，隨時保持覺察與評估，適時地

向團體或特定成員回饋自己的觀察與推論，包含感受。

- 開放的態度（Be open）：要求期許所有主管，必須以更開放的心胸面對活動的所有過程與結果，包含主管們彼此之間不同的觀點與價值。

- 積極嘗試與冒險（Let go and move on）：面對新的公司組織與營運策略及主管團隊的信任關係，期許所有參與者，都應摒棄成見，跳出過去的包袱與框框，試著作一些改變與嘗試，展現企業人冒險犯難的精神。

- 對目標賦予承諾（Commit to goals）：對企業團隊及每一位主管的定位有清楚的認知與認同，具有使命感與責任感，發揮高度執行力，「Walk the Talk!」。

步驟 3：活動選擇——有哪些適合的活動？

將團體學習目標以及主管相對應需具備的完全價值團體行為定義清楚後，可依據這些資訊，開始選擇可能適合的探索活動①。以上述案例為例：

積極參與（Be here）

- 破冰活動：Pairs Clap、A So Go、Helium Stick、Circle the Circle、Tag Games、Stretch、Connections、Fire in the hole、King Frog、Gotcha、Look Up and Look

Down、People to People。

- 暖身活動：Duo-Sit and Get Up、Five-Five-Five、Italic Golf、Tag Games、Duo Hopping、Group Hopping、Row Boat Stretch、Yelling。
- 認識活動：Toss a Name、Wallets、Have You Ever、Line Up、Categories。
- 文字影像：書籍、啟發性短文或影片。

注意安全（Be safe）

- 完全價值發展活動：The Being、Quick Values、Full Value Speed Rabbit、Mine Field、Elevator Air、Yurt Circle、Trust Walk、Big V、Looks-Sounds-Feels Like。
- 信任活動：Two or Three-Person Falls、Willow in the Wind、Trust Fall、Trust Dive、Trust Run、Trust Walk、Sherpa Walk、Feelings Marketplace Cards、Spotting、Belaying、The Being、Mine Field、Yurt Circle、Blind-fold Compass Walk。
- 信任活動（繩索挑戰活動）：Big V、Mohawk Walk、Spider's Web、Disk Jockeys、Nitro Crossing、Do I Go、The Wall、Full House、Dangle Duo、Cat Walk、Two Ships Passing in the Night。

陳述事實與感受（Be honest）

- 公開與回饋活動：Elevator Air、Have You Ever、Line Up、People to People、Human Camera、Goal Partner

Review、Wise Walk。

- 口頭分享活動：一句話分享、造句活動、故事分享、故事接力、感謝活動、分組簡報。
- 文字表達活動：給自己的一封信。
- 引導討論活動：相關技巧細節，請詳見第八章。
- 閱讀活動：書籍或啟發性短文。
- 程度象徵活動：Thumbs（Up, Down, Sideway）、Scales（1-10）、Good-Bad、Hot-Cold。
- 物體象徵活動：Color Cards、Photos、Post Cards、Object from Nature、Art Materials、Drawing。
- 肢體象徵活動：Facial Expression、Personal and Group Sculpture。

開放的態度（Be open）

- 溝通活動：A What、Escher Dilemma、Traffic Jam、Blindfold Triangle、Helium Stick、Not Knot、To Be or Not to Be、Broken Square、Snow Flake
- 問題解決活動：Escher Dilemma、12 Bits、Group Juggle、Mergers、Traffic Jam、Blindfold Triangle、Key Punch、Stepping Stone、Object Retrieval、Warp Speed、Mass Pass、Corporate Connection、Helium Stick、Empowerment、Insanity、Not Knot、To Be or Not to Be、Spider's Web。

積極嘗試與冒險（**Let go and move on**）

- 放手一搏挑戰活動：Nitro Crossing、Do I Go、Big V、Yurt Circle、Pamper Pole、Cat Walk、Two Ships Passing in the Night、Giant Swing、Zip Line、Multi-vine。

對目標賦予承諾（**Commit to goals**）

- 目標設定活動：Goal Partner Review、Post Cards、Human Camera、Wise Walk。
- 問題解決活動：Moon Ball、Key Punch、Star Gate、Stepping Stone、Corporate Connection、All Aboard、New Leaf、Trolley、12 Bits、Cycle Time Puzzle、Traffic Jam、Group Juggle、Mass Pass、Leaping Lizards、Insanity、Spider's Web、Tower Building、Breathless Tower、Mergers。
- 問題解決活動（繩索挑戰活動）：The Wall、Spider's Web、Whale Watch、Nitro Crossing、Disk Jockeys、TP Shuffle、Mohawk Walk、Big V、Full House、Dan-go Duo、Cat、Two Ships Passing in the Night、Duo Climbing、Multi-vine。

步驟 4：活動結構——哪些活動隱喻性的結構（Metaphoric Structure），最接近團體的需要？

　　探索學習活動的類型很多，每一個活動都可以有許多不同的創意運用，實在很難將所有的活動，加以分類，貼上標籤「什麼活動；可以討論什麼議題！」其實，這麼做沒有太大的必要，而且，有時反而會限制了探索學習規劃者與帶領者的創意。不過，眾多的探索學習活動，的確在活動結構上有一些不同，可以讓探索學習規劃者與帶領者，作為課程活動設計時的參考②。

解決問題（Problem-solving）

　　我發現，許多企業團體在經歷探索學習活動的過程中，參與者都喜歡解決問題或改善現況，以得到成就感而感到興奮。具有解決問題結構的活動，提供了團體與參與者彼此合作，藉由他們的溝通、無限的創意以及問題分析與解決能力而達成任務的情境。

　　解決問題（Problem-solving）的結構可以突顯：團體與參與者的能力、資源與創意。其他活動例如：Group Juggle、Mergers、Traffic Jam、Blindfold Triangle、Key Punch、Stepping Stone、Object Retrieval 等。

支持平衡（Balancing）

　　這類的活動需要參與者之間的肢體接觸，活動過程

中，參與者必須彼此支持、平衡身體，逐漸的建立參與者之間的信任互動。支持平衡結構的活動有許多，如低空繩索活動「Big

V」，二位參與者必須一起合力同時進行活動，同時站在鋼索上，一開始他們的距離是很近的，但愈離開起點，二人之間的距離就愈遠，二位參與者必須互相平衡彼此的身體，才能維持在鋼索上，並且繼續前進，而其他的團體成員，便在周圍協助確保挑戰者的安全。

支持平衡（Balancing）的結構可以突顯：專注力、同理心、信任、合作、支持。其他活動例如：Full House、Whale Watch 等。

團體成圓（Circling）

有一些活動進行的方式是讓團體圍成一個「圓」才能進行，例如「Yurt Circle」，所有參與者必須一起握住繩子，聽從帶領者的指令進行活動，也象徵著每一位參與者，都必須出現並參與團體的互動。團體成圓（Circling）的結構可突顯：共同一體、參與、認同、支持、相互依靠。其他活動例如：Gotcha、Everybody Up、Have You Ever、Look Up and Look Down、Group Juggle 等。

競爭（Competing）

探索學習的活動，都必須依靠團體的合作一起進行，但企業團體或參與者，回到公司工作崗位上，真正的狀況卻不只是「合作」的狀況而已，「競爭」的狀況卻是團體與參與者經常面臨的挑戰，如何在「競爭」中「合作」、在「合作」中「競爭」，是企業團體最常面臨的議題之一。競爭的探索活動，經常將團體分成小組，進行活動，讓參與者體會探索，小組之間的競爭行為對團體與個人之間的影響。

競爭（Competing）的結構可以突顯：個人與團體之間的互動與影響力。其他活動例如：Four Way Tug of War、Tower Building、Egg Drop、Trolley 等。

攀登（Climbing）

攀登的活動，必須面對挑戰，不斷地嘗試冒險，參與者在整個攀登的過程中，可以自然而然的感受與體會「突破極限」。

攀登（Climbing）的結構可以突顯：突破極限、高峰經驗、冒險犯難的精神。相關活動例如：普魯士上攀、攀岩、攀樹、溯溪等。

交錯通過（Crossing）

交錯通過結構的活動，多半有一個特點：活動中，參與者必須「交錯」或「通過」。以一個活動 Pirate's Crossing

舉例，二名參與
者同時爬上十多
公尺的高空，站
在鋼索上，地面
的確保團隊隨時
監控著他們的一
舉一動，二名參
與者的目標是慢

慢向對方移動，在鋼索的中間順利地交錯，抵達對方的位
置，完成交換位置的任務，他們唯一可以使用的資源，只
有中間斜拉固定的繩子。在這個例子當中，參與者會感受
到，為了達成目標，必須離開「現在的位置」（狀態），
抵達另一個「新的目地的」（目標），此時，伙伴可以給
予的支持與協助。

交錯通過（Crossing）的結構可以突顯：放下包袱、
設定新目標、創新、變革。其他活動例如：Mergers、Mi-
nefield、Stepping Stone、Traffic Jam、Don't Touch Me、Do I
Go、Mohawk Walk、Spider's Web、Two Ships Passing in the
Night、Multi-vine 等。

團體小組（Grouping）

探索學習以團體互動方式進行，團體的型態，分為大
團體（Big Group）、團體（Group）與小組（Small Gro-
up）。有時候，在大團體或團體的型態下，參與者對於一
些議題的反應與回饋會較為保留，如果將團體劃分許多小

組，將會有意想不到的結果，例如二人一組的目標設定活動（Goal Partner Review），讓參與者以更私密更舒服的方式進行覺察與分享；又如：進行高空繩索挑戰時，「攀登者」與「確保者」之間的互動。

團體小組（Grouping）的結構可突顯：人際關係、溝通、親近與私密。其他活動例如：Wallets、Hug Call、Human Camera、Tinny Teach 等。

個人導向（**Individualizing**）

雖然探索學習以團體為主體，但我們不能忽略每一位參與者個人的需求、價值與重要性，以及與團體之間的互動與影響，畢竟，團體是由個人所組成。個人導向的活動強調，每位參與者在團體當中的價值與重要性，在活動中，以自發性挑戰（Challenge By Choice）原則尊重參與者的意願。活動例如：Trust Fall、Trust Dive、Zip Line、Giant Swing、Pamper Pole 等。

去能（**Depriving**）

去能（Depriving）意指，在活動過程當中，暫時限制參與者部分的感官或肢體能力（如矇眼、不能說話……），透過這樣的安排，會增進團體或參與者對這些能力的覺察與學習，更深刻的體會傾聽、溝通等能力的價值。去能（Depriving）的結構可突顯：某些能力的缺乏、依賴、重要性。活動例如：Hug Call、Blindfold Triangle、Minefield、Blindfold Puzzle、Maze、Breathless Tower、Human Camera

等。

放手／放空（Releasing or Falling）

放手／放空
（Releasing or Fal-
ling）型活動，參
與者需要面對一
些挑戰，以 Trust
Fall 活動為例，參
與者需與團體建
立信任關係後，

信任的「放手／放空」地倒下。這樣的經驗，提供團體與
參與者重要的情境，學習面對改變及設定新目標，放手／
放空（Releasing or Falling）結構活動具有極大的隱喻啟發
性，突顯了：拋開過去、放下包袱、嘗試改變、冒險、包
容與接納。其他活動例如：Trust Run、Yurt Circle、Multi-
vine、Cat Walk、Pamper Pole、Giant Swing、Zip Line 等。

混沌（Scattering）

混沌（Scattering）意指，活動過程中，團體與參與者
必須將混亂的狀況，經過溝通討論，找出其中的特定規
則，產生因應的作法，如 Key Punch 或 Traffic Jam 活動。
這一類混沌（Scattering）型的活動，也是企業團體非常喜
愛的活動之一，因為活動的過程，就和真實的營運管理與
產業競爭一樣，突顯了團體的：整合能力、問題分析與解

決能力。其他活動例如：To Be or Not to Be、Not Knot、A What、12 Bits 等。

不一致／不平衡（Disequilibrium or Unbalancing）

當團體或參與者在工作或生活上，產生認知、情緒與行為不一致時，便是即將產生困擾的時候。探索學習課程活動之所以有它令人印象深刻的影響力，在於有許多的活動，會創造團體與參與者在活動當中產生不一致的狀況，透過引導覺察，這將是團體與參與者學習與改變的最佳契機。不一致不平衡（Disequilibrium or Unbalancing）的結構突顯了：混淆、不一致、澄清、改變。活動例如：Corporate Connection、Insanity、Whale Watch、Helium Stick、Snow Flake、Hands Down、Bang, You're Dead 等。

建構（Constructing）

建構（Constructing）型探索活動，讓團體及參與者不斷透過一連串的溝通、信任建立、問題解決、自我認同與肯定、合作的互動，而逐漸建構強化團體與參與者的能力，建構型活動所強調的，並非達到某種具體實質成就，

而是能力（Capacity）。活動例如：攀樹、溯溪、登山、遠征探險、社區服務等。

當我們掌握了團體學習目標後，若能在諸多合適的活動中，選擇與團體或參與者現實工作生活類似或接近的活動結構，必定事半功倍。舉例而言：如果您的團體平日因組織分工設

計，需要密切的溝通與確認工作細節，呈現上下游關係，若為強調團體內部的合作流暢運作，可選擇具「問題解決」（Problem-solving）結構的活動「Cycle Time Puzzle」

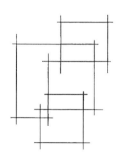

（循環迷宮）。循環迷宮的木板必須以一定的流程順序組裝，才能順利在最短時間內完成重組（如左圖），團體參與者在活動中，必須清楚的知道自己與其他成員的分工與合作關係，經過許多的討論溝通，確認策略作法後，不斷地練習。這樣縝密的合作過程和企業組織一模一樣。

再以上述案例為例，為強化主管團隊的信任行為，可選擇「支持平衡」（Balancing）結構的活動「Big V」，團隊參與者會發現，二個人站在鋼索上，從起點開始，愈走愈遠，愈需要彼此的信任支持以取得平衡，才能讓團隊有更好的績效，而這樣的成就是無法單獨做到的。

步驟 5：情境鋪陳——該如何鋪陳與設定這些活動的情境？對參與者產生什麼意義？

為更有效地提升團體與參與者對探索學習活動經驗的連結與啟發，在活動開始之前，可試著運用「隱喻」（Metaphor）的鋪陳來協助團體及參與者的學習。隱喻的任務簡報技術將於第八章有詳細的介紹。以下是一些隱喻任務簡報的例子：

Corporate Connection 合作連結（8 Buckets Version）

團隊分成四小組，各組的成員必須站在自己的起始線後面投球，而且，球必須進屬於自己的桶子才能算分。桶子的佈置，各組有大小各一的桶子，大的桶子接近各組的起始線，投進一顆球的得分較低；小的桶子接近對面小組的起始線，投進一顆球的得分較高。總共進行

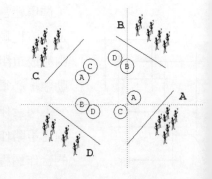

四回合，各小組的成績加總後，取得團體總分。活動可以隱喻成：「分數代表主管團隊的信任程度（Level of Trust），透過這個活動，請大家思考一下，什麼樣的作為或作法，才能讓我們建立更好的信任關係。」

Key Punch 打字機

團隊必須在最短時間內，將混亂的數字墊，由小到大依序觸摸一次。活動可以隱喻成：「各位都是公司的管理者，也是各部門的領導者。隨著產業競爭愈來愈激烈，所有的投資人、股東對公司有相當高的期待，如何達成目標應該是大家最關切的，這也是為什麼需要請所有主管聚集在這裡的原因……，但未來要怎麼做，會發生什麼事？相信各位更無法完全掌握，但各位卻仍需要在最短時間內，找到最有效的解決方案。」

Stepping Stone 硫酸河

團隊所有成員必須從起點開始，通過中間禁區安全抵達終點，但不得碰觸中間禁區，否則退回起點重來。每一位參與者唯一可以使用的只有一片木板（隱喻成工作上的資源），而且，木板必須隨時與參與者保持身體的接觸，

否則會被沒收。活
動可以隱喻成：
「起點象徵著團隊
目前的互動關係；
終點代表著團體更
進一步的信任關
係，中間禁區象徵
了失望、猜疑、冷

漠、自私⋯⋯。團隊所有成員必須從起點開始，安全地通
過中間禁區抵達終點，如有發生任何違規（如碰觸了中間
禁區⋯⋯），辛苦建立的關係，將嚴重受到挑戰（團隊必
須退回起點）。」

這些情境設定有效地協助團體與參與者，將思緒與專
注力投入於課程活動當中，進行覺察與連結，更能促進企
業團體在有限的時間內，達到學習目標。

步驟6：順序安排──這些活動該如何安排前後順序？

探索學習活動的順序安排，需藉助團體評估工具 G.
R. A. B. B. S. S.來協助設計安排，如同文章的起承轉合，
活動的安排也要有這樣的考慮，必須考量團體的狀態及準
備度，例如，對一個新成立的團體，課程一開始就讓參與
者有過多的肢體接觸，如：擁抱，或是較無安全感的行
為，如：矇眼，容易讓參與者感覺更為焦慮不安。探索學
習課程活動的安排，可從簡單輕鬆的暖身活動開始，進一

步透過認識活動，打破團體的藩籬，讓團體緊繃的氣氛輕鬆一些，降低參與者對於陌生環境的壓力與不安；進一步再透過溝通活動、問題解決活動、信任活動，促進團體之間的互動，發展信任關係，塑造團體支持、開放與信任的學習氛圍；最後，在團體的相互支持下，進行高挑戰的活動項目。

以上述 X 公司主管團隊，二天一夜的團隊建立訓練為例，訓練課程為二天一夜的活動，第一天，簡短的開場與事項說明後，一開始從簡單輕鬆的暖身活動（Pairs Clap）開始，再運用團隊合作與問題解決的活動，Corporate Connection（合作連結），一方面，促進主管之間的互動性與專注力；一方面，設定這二天訓練課程的基本調性「合作」、「信任」；最後，舒解了團體狐疑緊張的氣氛，並且順利完成帶領者自己與團體之間重要而關鍵的第一次接觸。接著，讓總經理在「高階主管時間」，針對此次訓練的學習目標作出強調與期許，釐清許多主管對這次課程活動的好奇與疑慮。在我的實務經驗中，「高階主管時間」對於課程活動有相當重要的影響力，其實，所有的主管都會好奇：「這次公司又打算做什麼？」「有什麼重要的事情，需要這麼大費周章？難道不能在公司講嗎？工作都做不完，為什麼還要來做活動！？」於規劃階段，探索學習規劃者與帶領者必須與高階主管以及人力資源部門進行密切的溝通與合作，對於如何進行「高階主管時間」，務必達成一致的共識，清楚而明確的傳遞課程活動的宗旨和目的。

表 6-1　　X 公司團隊建立課程第一天活動排程

時間	活動內容
08:30~09:50	・開場 ・探索活動 1：Pairs Clap、Corporate Connection（合作連結）
09:50~10:30	・高階主管時間
10:30~10:50	・中場休息
10:50~12:00	・探索活動 2：Categories、Mergers（掌握變革）
12:00~13:00	・午餐
13:00~15:00	・探索活動 3：A So Go、Key Punch（打字機）、Minefield ・團體設定完全價值承諾（FVC）
15:00~15:20	・中場休息
15:20~17:30	・探索活動 4：Stepping Stone（硫酸河）、Trust Run ・短文分享 ・安全習慣／冒險探索領域 ・目標設定（Goal Partner Review）
17:30~18:00	・沉澱時間
18:00~19:00	・晚餐
19:00~21:00	・分享與感謝

　　接著，運用破冰活動如：Categories、A So Go，以及問題解決活動如：Mergers（掌握變革）、Key Punch（打字機）、Minefield，不斷地讓主管們透過解決問題、完成任務，促進主管團體之間的互動，進而引導主管對團體成員進行有別於工作以外的觀察與新的認識，同時，也讓主管體驗如何透過合作與信任，以完成一連串不可能的任務。探索學習帶領者導入完全價值承諾（FVC），與所有主管討論，透過剛剛進行的活動經驗與省思，一同設定主管團隊共同認同的行為規範，在僅剩的一天半內，甚至未來在工作上，以這些原則與價值觀一起合作與互動。

　　導入完全價值承諾（FVC）後，並非天下太平，帶領者必須不斷在活動過程中，如：Stepping Stone（硫酸河）、Trust Run，協助引導與提醒主管團體，覺察檢視自己及團體的行為與認知，是否與團體的承諾一致？運用一些啟發性的文字與理論，可以有效而且明確地引導主管們進行反思。第一天的課程活動，結束在每位主管以身為團隊的一份子，為自己設定具體的行為目標，以支持主管團隊達成任務，同時，滿足自己的需求。

　　第二天主要的內容，運用信任活動如：Two-Three Person Trust Lead（2~3人信任倒）、Willow in the Wind 與高低空繩索活動，如：Big V、Spider's Web（蜘蛛網）、Dangle Duo（巨人梯）、Two Ships Passing in the Night 的互動經驗，不斷地帶領與引導主管，對團體完全價值承諾（FVC）及參與者的行為目標，進行檢討與覺察，探索團體互動過程中，有無任何認知、行為與情緒不一致的狀況，並加以

改善。主管對於這些「做人處事的道理」也許因為熟悉，而容易忽略自己是否將這些「道理」落實在實際的工作生活當中，與團隊成員用更好的方式一起合作；運用體驗活動，不只是提醒主管，更重要的是，讓主管及團隊，藉著這些信任活動及挑戰活動，不斷練習實踐這些「做人處事的道理」。二天一夜後，X公司主管團隊建立課程活動，在團體信任支持的氣氛下，順利落幕。記得第一天晚上課程結束後，一位X公司的人力資源主管私下跑來告訴我，「他們真的不太一樣了！」

| 表 6-2 | X 公司團隊建立課程第二天活動排程 |

時間	活動內容
08:00~10:00	‧探索活動 5：Two-Three Person Trust Lead（2~3 人信任倒）、Willow in the Wind、Big V、Spider's Web
10:00~10:15	‧中場休息
10:15~12:00	‧探索活動 6：確保練習、Dangle Duo（巨人梯）
12:00~13:00	‧午餐
13:00~15:00	‧探索活動 7：Two Ships Passing in the Night
15:00~15:20	‧中場休息
15:20~16:00	‧探索活動 6：Poster Cards Closure
16:00~16:30	‧結語

結語

　　探索學習課程活動設計，並非單純地挑選有趣新鮮的體驗活動，加上講師的植入式的引導與教學就能達到預期的學習效果，有時，不當的安排反而會產生反效果，甚至參與者對整體課程的觀望與不信任。課程的設計與活動的安排，是相當複雜且需要設計者豐富經驗的專業能力，因此，課程的設計者也必須透過「體驗式學習」，需要不斷地練習與檢討。

　　在我的實務經驗中，我發現，探索學習規劃者與帶領者，不論設計還是向客戶提案，都需要具備高度的「創意」、「想像力」及「說故事的能力」，對未來的課程活動及團體的互動，不論是自己的腦海中，還是面對客戶，才能描繪出生動而實際的畫面。

注 釋

① Karl Rohnke, *Silver Bullets, Quick Silver, FUNN'N Games, The Bottomless Bag Again*, Kendall/Hunt publishing.

② Jim Schoel & Richard S. Maizell, *Exploring Islands of Healing*（pp.149-151），Project Adventure, Inc.

第七章

探索學習
團體領導力

　　探索學習課程活動過程中，團體動力及學習目標不斷地在課程活動與分享討論中穿梭，如何讓參與者將活動經驗轉換為學習與改變，轉移至未來的工作現場，改善團體運作的效率及決策的品質，企業培訓中的「探索學習團體引導師」（Adventure Facilitator）扮演著相當重要且多元的角色，而這些角色的目的不同、功能不同，但都是為了促進學習的效益。

探索學習團體引導師的角色①

顧問專家（Consultant）：全方位觀點

　　探索學習顧問專家的角色職責在於，鳥瞰全局，全方

位的思考，以其敏
銳的「第三隻眼」
全面觀察團體的互
動與學習，當參與
者不清楚、不理
解，甚至未觸及關
鍵時，探索學習顧
問專家藉由引出相

關重點資訊，進而協助參與者澄清認知、釐清疑點、產生
啟發與連結。

　　當目標評估分析階段，探索學習顧問專家協助客戶或
參與者，將課程活動經驗與實際工作現場產生適當連結關
係；在設計與執行課程過程中，探索學習顧問專家需促進
參與者、課程活動與學習目標三者之間的連接與互動，讓
團體與參與者激盪出新的想法、不同的選擇與解決方案；
訓練課程過後，探索學習顧問專家轉變為「良師益友」，
提出建議，在課程過程中的觀察回饋，有什麼變化？未來
可以有什麼改變？有什麼建議？團體狀態的評估及發展等
等。

訓練講師（Trainer）：宏觀角度

　　探索學習講師的角色，不但有責任設定和諧安全的基
調、氣氛與環境，同時也必須協助團體與參與者與學習目
標產生連結啟發，因此，過程中，身為講師，需要不斷地

監控觀察每一位參與者情感與生理上的狀態及團體的發展階段,是否感覺安全、信任?因此,要成功地扮演探索學習講師角色,需要有宏觀的觀察力。與「顧問專家」角色不同點在於,訓練講師更注重於課程執行的過程,而「顧問專家」的角色,則強調對整體環境的認知、專業能力與敏銳的判斷力。

探索學習講師需要具備幾個能力:有效地建構學習社群與分享氣氛,巧妙地設計課程活動與引導連結,讓活動經驗產生學習意義。特別注意的是,活動過程中,當非預期的狀況發生時,講師需要具備足夠的知識與技能,將發生的事件引入團體討論,進行反思與察覺,甚至,當有不同的需求浮現時,講師需有足夠的能力與彈性,進行部分課程調整,以滿足更多元的期待及學習目標。

引導者(Facilitator):微觀角度

探索學習引導者在一般人的認知中,只扮演順利地引導參與者經歷每一單元課程的工作。如今,在體驗學習的領域之中,「領導者」的角色不再只是如此單純,他(她)需具備微觀的觀察力、用心傾聽,以及敏感每一位參與者及團體之間的互動關係與發展。這樣的任務,目的在於協助每一位參與者,更深刻地覺察活動當下自己的行為態度及心路歷程的轉變與學習。

「引導者」的工作,強調引導團體與參與者進行自我覺察省思,發展新思維,探究自我內心對話,協助釐清參

與者在察覺過程中所產生的觀察，進而形成有價值的概念與學習，運用於未來的工作生活。

與客戶從一開始的訪談及學習目標的確立，一直到執行課程、後續回饋，「探索學習團體引導師」（Adventure Facilitator）的三個角色：顧問專家（Consultant）、講師（Trainer）及引導者（Facilitator），必須不斷地且巧妙地穿插靈活運用，其目的在於，盡可能的在有限的資源與時間內，協助團體與參與者學習成長，甚至探索解決方式。在複雜的運用過程中，可以建議有以下的原則價值觀及策略。

探索學習團體引導師的原則與價值觀

根據明確的事實

探索學習引導師，從評估階段到執行課程活動前，會得到許多訊息，主要來源多半來自企業高階主管或人力資源部門，一部分可能來自即將參與課程的員工或主管。探索學習引導師將這些資訊，加以分析歸納後，進行設計與課程執行。過程中，探索學習引導師必須留意：有哪些客戶的資訊根據明確事實？哪些資訊可能是客戶的主觀判斷或期待？有效且被團體信賴的團體引導師，需保持中立，所有的判斷必須依據事實，包含課前的評估分析，以及活

動中的行為表現。否則，若探索學習引導師一面倒的只接受客戶的主觀描述，而未加以驗證，引導者容易戴上一副「有色的眼鏡」，主觀地評斷團體與參與者，而變成公司或課程承辦人的「傳話者」或「打手」，結果只會造成團體及參與者的不信任。

尊重與互信

探索學習引導師必須以身作則，實踐「完全價值承諾」（Full Value Commitment）與「自發性挑戰」（Challenge By Choice），對團體與參與者給予最高的尊重。在課程執行的過程中，尊重每位參與者的決定，雖然如此，但基於「自發性挑戰」的精神，每一位參與者也被要求必須尊重團體的選擇，建立引導者、參與者以及團體之間相互尊重信任的氛圍。

啟動團體的內部動能

課程活動過程中，團體與參與者必須不斷地被提醒：「為你們（團體）而做，而不是為了我（引導者）！」的認知。許多類似的場合，團體與參與者都非常聰明地知道該如何「配合演出」，順利而和諧地度過課程活動的時間，想盡辦法將自己隱藏起來，往往以模糊的「標準答案」、「玩笑」或「沉默」迴避尷尬的議題與過於不安的處境。

　　探索學習引導師需要啟動團體及參與者，對課程活動的參與度與認同感，讓他們正視所遭遇的困境與挑戰，藉此，促進團體成員對整體議題的承諾與擔當（Ownership），積極面對與解決當前的困難。

同理心

　　在評估分析以及帶領團體的過程中，探索學習引導師，需以高度的「同理心」，對所有的資訊及所發生的事件保持好奇：「如果是我……，應該……」。例如，當參與者分享著該如何「犧牲小我、完成大我、團隊合作」時，引導師可以同理心好奇地詢問：「我理解也認同你（參與者）所提出的概念，但我有一點好奇，如果是我，以現實的管理工作上而言，這樣的作法似乎有一些不切實際？各位的看法呢？」「可能會遇到哪些困難？」更深刻地引導團體與參與者進行覺察與檢討。

　　具有「同理心」，並不代表了解團體或參與者的想法與感受，應該說：「任何一個引導師不可能百分之百了解每一位參與者怎麼想，或感覺是什麼」，一定要以「同理的好奇心」向團體與參與者探詢與確認。

　　以上的原則與價值觀，雖然聽起來簡單，但卻不容易實踐，探索學習引導師需要不斷地自我覺察與檢視。表7-1 為「單向控制模式」，是大多數團體引導師經常運用的方式：

| 表 7-1 | | 單向控制模式② | | |

原則與 價值觀	假設	作法	產生的 結果
·必須達到 　預期的目 　標 ·必須成功 　地說服他 　們，不能 　失敗 ·盡可能不 　顯露負面 　的感受與 　想法 ·採取合理 　化的方式	·我了解所有 　的狀況，不 　同意的參與 　者其實不了 　解狀況 ·我是對的， 　他們是錯的 ·我的動機非 　常正當，那 　些不同意的 　參與者，動 　機有問題 ·我的感受非 　常中立	·堅守我的立 　場與想法 ·巧妙地隱藏 　我的目的與 　動機 ·不需要關心 　參與者不同 　的目的與動 　機 ·不著痕跡的 　切入 ·顧及面子問 　題	·誤解、防 　禦甚至衝 　突 ·不信任感 ·限制學習 　效益 ·降低團體 　運作效能

　　如表中所呈現的，若探索學習引導師運用了「單向控制模式」，來帶領團體，會有太多主觀的價值判斷附加在團體與參與者身上，就如同還沒開庭審訊前，便被判了刑，團體與參與者可能是無辜的。最後所付出的代價，不但會失去團體對引導者的信任，更影響了參與者對主辦單位或公司的良好信任關係，甚至造成更多不必要的誤解與衝突。

　　探索學習引導者，該如何有效地帶領團體與參與者學習呢？我建議以「共同學習模式」的方式來面對團體，如

表 7-2：

表 7-2	共同學習模式③

原則與價值觀	假設	作法	產生的結果
· 根據明確的事實 · 尊重與互信 · 啟動團體的內部動能 · 同理心	· 我得到一些資訊；其他人可能也有一些我不知道的資訊 · 每個人對一件事，都會有不同的認知與想法 · 不同的認知與想法，可能會是彼此學習的契機 · 願意相信，團體與參與者試著以誠實而正直的態度面對挑戰	· 確認自己的假設與推論 · 鼓勵分享所有相關的資訊 · 鼓勵以具體的事件或例子，輔助說明與澄清 · 清楚說明自己的目的與動機 · 鼓勵將焦點放在即待解決的議題上，而非各自的立場 · 陳述觀點的同時，探詢團體與參與者的回饋。 · 針對衝突，與團體及參與者，共同協定解決方式與步驟 · 取得團體的允諾，談論敏感議題	· 增進彼此的了解，排除誤解、防禦甚至衝突 · 增進信任關係 · 增進學習效益 · 提升團體運作效能

　　「共同學習模式」以尊重、開放、信任為基礎，根據明確的事實、尊重與互信、啟動團體的內部動能、同理心等原則價值觀，與團體建立良好互信的關係，引導參與者積極面對困境與挑戰，不但能有效地提升團隊運作效能，更因為團體成員對主要議題有不同的認知與想法，促使團體內彼此的學習與成長，透過這個過程所得到的結論，更具共識與認同感。

探索學習團體引導師的策略

　　這幾年，許多在探索學習領域及人力資源部門的朋友，常會向我抱怨：

· 為什麼我的團體有壓力及有抗性？
· 為什麼我的客戶最後還是不滿意？
· 為什麼我的團體常常在活動中很配合、很投入，但分享討論時卻保持沉默？
· 為什麼我的團體總是進不了狀況，抓不到重點？
· 為什麼我的團體只會做表面工夫？

　　會有這樣的結果，並不是沒有原因，在我的實務經驗中發現，這樣的狀況多半是因為，團體與參與者未能對課程活動的目的及所需達到的目標有完整的了解與認知。

　　基於上述的原則與價值觀，探索學習引導師在規劃及帶領的過程中，心中必定需要具備「保持透明度」（Transparency）的策略，意指，讓參與者清楚地了解課程活動

的目的及所需達到的目標，並且認識探索學習引導者所扮演的角色與職責。當團體與參與者愈理解課程活動之目的與動機時，愈能增加團體與參與者對整體課程及引導師的參與度與信賴。否則，容易造成團體與參與者對課程活動產生「你們到底想要說什麼？」「為什麼要做這些活動？」的懷疑與好奇（Curiosity），若處理不當，便會造成參與者對課程活動的不信任，只會努力「配合」，而非全心投入，只求課程趕快結束，他們並不認為這個課程活動可以對他們有任何幫助。

「保持透明度」並非將所有活動設計的內容完全的告訴參與者，而是讓參與者理解：「為什麼會有這個課程活動？」「我們希望達到的目標是什麼？」及「所面對的挑戰是什麼？」例如，帶領團體進行合作連結（Corporate Connection）活動，若一開始便未清楚的告知，該以整體團隊合作方式取得高分，反而誘導團體及參與者進行「個別競爭」，而在後面幾回合，卻以其他方式「暗示」團體需以不同的作法「合作」完成任務，取得「高分」。這樣的過程，通常參與者會有被騙、被誤導的感覺，卻又不敢挑戰帶領者「講師」的威嚴，最後，只會讓參與者感覺，課程活動都是刻意「挖一個洞」，讓參與者中計「跳進去！」罷了，這樣的過程，參與者學到的不是如何「合作」；而是「如何破解帶領者所設下的局」。

引導師若秉持「保持透明度」的策略，在活動一開始的簡報中便強調，需以整體團隊合作方式取得高分，讓團體清楚的了解活動目標，但該如何以具體的行為或作法落

實「團隊合作、資源共享」的理念，則是保留讓團體與參與者共同透過體驗活動而進行探索的好奇（Curiosity）。

運用「保持透明度」策略時，需要強調並澄清一點，保持透明度，並非將課程活動背後的學習意義，直接教授給團體及參與者，那與在教室裡講授課程沒有兩樣，只是多了一些活動罷了。「保持透明度」是要保持課程活動的目的、動機及目標的透明度，如同回答以下參與者可能會有的疑問：

- 為什麼要作這個活動？目標是什麼？
- 你（引導者）的目的與動機是什麼？
- 你（引導者）想要表達什麼？

進一步，透過活動，讓團體與參與者進行體驗與探索好奇（Curiosity）：

- 當我（參與者）有不一樣的想法或作法時，會有什麼不一樣的結果？
- 面對困境或挑戰時，我（參與者）是否需要做任何改變？
- 我（參與者）該如何以具體的行為或作法，支持團隊？

各位讀者千萬不要小看「保持透明度」所會產生的影響，如同老子《道德經》「無為而治」的思想，我們必須重視團體運作的自然法則，從小細節裡開始做起，隨時讓團體與參與者在沒有懷疑與顧慮的前提下，盡情投入，保留了團體與參與者探索體驗的空間，如此，才能讓整體課程活動更加順利。探索學習引導者必須學習巧妙地運用

「保持透明度」和「探索好奇」，促進參與者有效的學習。

探索學習引導師需具備的能力

影響力

　　當團體與參與者經歷探索學習活動時，團體動力無形中開始對參與者產生影響，引導師在團體中所扮演的角色及所會產生的影響力，關係著團體的互動及參與者的學習。探索學習引導者在團體中最主要工作之一，便是創造一個「授權的環境」（Empowering the Environment），換句話說，便是不將「權力」（Power）集中在引導師或是少數參與者身上，必須協助團體及參與者學習互相尊重，以平衡團體內的權力的運用。

　　舉例而言，一個主管團隊，在進行活動及分享討論時，從團體的回饋與認知中發現，他們傾向滿足引導師的期待，做出許多「配合性」的行為與回饋，對於參與者的覺察與學習沒有太大的幫助，此時，團體不知不覺將「權力」集中在引導師身上，參與者期待「引導者應該會有更好的答案或解決方式，我（參與者）沒有！」「看看你（引導者）可以提供什麼更好的想法？」這個時候，探索學習引導者需要以「誠懇且誠實」的態度，回應團體，自己真的沒有答案，團體與參與者必須自己面對這些挑戰與

困境,與團體成員一起找到最好的解決方式。必要的時候,引導師要有「勇氣」承擔風險,甚至挑戰團體或參與者的行為或者任何的回饋,目的不在價值判斷團體與參與者的「對」或「錯」,而是讓團體與參與者正視自己的困境:「你剛剛的說法,乍聽之下,很有道理,但實務上,以我的推論,似乎有些不切實際!我有可能是錯的,你認為呢?」「在實務上,可能會遇到哪些困難?」

當團體與參與者開始理解,整件事情,不只是引導師需要承擔課程品質的責任外,團體及參與者本身更需要為自己的學習與改變負起責任與承諾,引導師對於團體與參與者所提出的想法與作法,都應給予「肯定與支持」,而不是任何主觀或客觀上的評價,因為除了團體及參與者本身外,沒有任何人有權力或能力評價這些想法與作法,畢竟,他們才是自己的專家,更是未來的實踐者,除了他們自己沒有人可以為他們背書,包含引導師在內。

另外一種「權力」不平衡的狀況是,有時候,一個團體內會出現少數的意見領袖,「意見領袖」本身並不是壞事,但若限制或影響了其他參與者的學習,便需要適度地調合團體內部的「權力」分配。再例如,團體會有一些經驗豐富的「前輩」或領導者,他們往往掌握了團體內的「權力」,由於他們比較有經驗,可能代表比較容易成功,或比較容易是對的……這些無形的影響力,都會直接間接地影響均衡的團體動力,抑制其他參與者的參與度與學習,造成了不平衡的「權力」分配。此時,探索學習引導師需要透過引導,或是巧妙的安排或介入,適時地讓參

與者理解，團體成員必須彼此互相尊重，並了解每位成員
具有不同的價值，包含引導師本身也必須小心，應該「完
全價值」的肯定所有參與者，可以在團體內有不同展現。
必要時，引導師需「同理的移情」，敏感到當團體內發生
不平衡的「權力」分配時，參與者可能會有的感受是什
麼？並於團體內提出你的觀察與推論，向團體成員求證，
以達到平衡團體內部「權力」分配的目的。

　　探索學習引導者的工作，並不是將「權力」集中或授
與某些特定角色，而是開創一個充分授權的環境，讓所有
參與者分享這些「權力」，過程中，引導師必須不斷發揮
他（她）的影響力。

洞察力

　　另外一個引導師需要具備的能力，便是對團體的「洞
察力」。從與客戶的第一次接觸到面對團體執行課程活
動，無時無刻需要對團體與參與者，保持高度的觀察與評
估，了解他們互動、學習的各種狀態，事實上，美國 PA
所提供的團體評估工具「G. R. A. B. B. S. S.」，便是一套
相當實務上手的作法（細節請見第五章，不再贅述）。引
導師的洞察力需要不斷練習及經驗的累積，無法一蹴可
幾。為了提升洞察力，引導師可以讓自己養成每天課後或
中間休息時間，勤作筆記的習慣，將自己的觀察整理下
來，若加上有較資深的引導師從旁指導，必定會日漸提升
對團體觀察的敏感度。

行動力

探索學習引
導師在帶領團體
的過程中，除發
揮影響力以及掌
握了團體的狀態
外，還必須對團
體與參與者展開
行動：

　　第一，監控團體與參與者對課程活動的參與度及學習
狀況，包含團體內的互動關係，並將這些資訊，回饋到下
一個活動或是課程安排中，必要時，需要作適當的課程調
整。

　　第二，積極建立團體內的信任關係，探索學習，是運
用團體動力與冒險體驗活動，所創造出的學習情境，必須
塑造安全、開放、支持與信任的氛圍，讓團體及參與者可
以安心且舒服的在團體裡進行覺察、檢討、分享與改變，
讓每一位參與者相信且感受到，只要他（她）願意，團體
都會支持他（她）任何的嘗試與決定，這一點尤其重要。
許多令人遺憾的課程活動經驗，多半是帶領者無法順利而
有效地建立支持、信任的團體關係。

　　第三，必要時，需要指導或教育團體或參與者，這邊
我所謂的「指導」或「教育」，指的並不是提供任何答案

或解決方式，亦不是分享課程活動背後的學習內涵，而是
當引導師發現團體或參與者在體驗或學習的過程中，如果
遇上一些困難或不清楚的地方，身為探索學習引導師，此
時必須扮演「訓練講師」（Trainer）的角色，給予專業上
的協助或介入。例如，當你發現團體成員，無法順利且習
慣在團體面前分享自己的想法時，可以先將二到三個人一
組，進行小組分享，練習之後，可以在下一次的分享討論
中，進一步要求每一位參與者分享自己的看法，有時候，
我會提供一些道具，可以讓參與者更容易表達他（她）們
的感受。又例如，讓參與者進行目標設定，也許是參與者
並未用心，也許是參與者未具備足夠的能力，引導師可適
當地提供一些簡單的工具，如「SMART」法則，讓參與
者更容易執行所安排的課程活動。以上二個案例的「指
導」與「教育」，都不是告訴他們什麼是標準答案，而是
該如何在最短的時間內探索最適合他（她）們自己的解決
方式。

第四，探索學習引導師透過引導，協助參與者將體驗
的活動經驗，對實際的工作生活產生連結與啟發。這是身
為體驗學習活動帶領者的基本工作，讓參與者有所學習，
並且增進團體成員之間的合作關係。

第五，用心傾聽團體及參與者的聲音，或者說是「解
讀」（Read）團體，參與者在團體互動的過程中，經常以
口語或非口語的方式，表達或傳達一些訊息，引導師必須
保持敏感度，讀取這些訊息，例如，有時候，當參與者並
未準備好要回答或討論某一特定議題時，通常會以沉默回

應；若參與者對某一議題特別敏感，不願直接面對，或選擇逃避，則參與者可能以配合性的「標準答案」回應。這些訊息都需要仔細用心的傾聽與觀察。

當團體與參與者進行活動或分享討論時，引導師需要時時監控進行的過程，是否與學習目標維持一致？當「失焦」的狀況發生時，探索學習引導師必須發揮第六項行動力，「介入」（Intervene）。「介入」（Intervene）意謂著，引導師中斷活動或討論分享的過程，提問引導或確認，團體目前進行的狀態，是否與目標一致，當重新聚焦及取得共識後，讓團體繼續未完成的活動或討論。這個過程就像是讓暫時偏離航道的獨木舟，重新回到正確的航道。例如，由於活動難度太高，讓團體或參與者失去信心或興趣時，團體與參與者容易失去專注力，而開始閒聊起來，引導師可適時介入，確認團體是否繼續，或是需要任何協助。再舉另一個例子，團體在進行分享討論時，團體成員容易因為某一事件或特定議題，交相回應，激烈討論，導致離題，此時，引導者必須適時介入，將討論的焦點拉回原本設定的目標上。但有時候，在有些關鍵時刻，「最好的介入，便是不做任何介入！」例如，團體共同進行一項複雜的問題解決活動 Objective Retrieval（原子爐），團體因意見不同，一再產生溝通上的衝突，導致無法在時間內完成任務。探索學習課程並非一味的讓團體或參與者得到成就感，事實上，有時「失敗」的經驗所帶給團體與參與者的學習與啟發會比一個成功經驗來得更印象深刻，若活動中，有太多的協助與引導，反而會讓團體過於依賴

這些外界的「幫助」，而限制了團體的學習與成長。所以，何時該介入？何時不該介入？介入的程度如何？引導師都必須精準的掌握學習目標，才能做出最好的決策與拿捏。

直覺

「直覺」是最後一項，也是相當重要且最難具備的能力。它實在難以用某一特定的方式，加以練習或學習，但在帶領團體執行課程活動時，直覺的反應與決定，往往帶來意料之外的收穫。以我個人的實務經驗，引導師的直覺，必須先經過之前所提的所有理論及技能的不斷練習，再將這些經驗，不斷加以咀嚼消化，融會貫通，將原本機械化、結構性的思考模式，漸漸轉化成反射式的直覺反應。事實上，經驗告訴我，有時候，直覺的判斷比理性的分析來得精準，這個部分，就得讓各位在未來自己體會了。

結語

探索學習領導力並無特別的標準，本章所探討的引導師扮演的角色、原則價值觀、策略及需具備的能力，這些都是先以如何帶領團體與參與者，透過冒險探索活動，產生反思連結，進行有效地學習與改變為前提，而整理出來，提供給大家參考的方向。真正務實的作法是，探索學

習引導師必須以最高自我要求的「紀律」，不斷自我檢討與持續改善，相信「永遠有更好的作法！」身為探索學習的引導師，「領導風範是一生中必修的學分，是一種終生的修煉」。如果你運氣好的話，可以找到一位或多位值得景仰的資深引導者，向他（她）們學習，並發展出最適合自己的領導風格。

最後，探索學習引導師必須是一個「實踐家」，如果引導師無法實踐所信仰的理念及價值觀，如何期許或影響團體與參與者，將所學習到的移轉落實在自己真實的生活中？到最後，一切只會變得「鄉愿」，整個課程活動變得只是互相配合的一場「演出」罷了，消耗了彼此的時間，卻無法達到學習的效果。

注　釋

① Ann Smolowe, Steve Butler, Mark Murray & Jill Smolowe, *Adventure in Business* （pp.163-177）, *Project Adventure*, Inc., Pearson Custom Press.

② Roger Schwarz, *The Skilled Facilitator* （pp.70-78）, published by Jossey-Boss.

③ Roger Schwarz, *The Skilled Facilitator* （pp.80-93）, published by Jossey-Boss.

第八章

課程執行

探索學習課程進行方式：能量波（Adventure Wave）①

　　探索學習團體工作之所以如此迷人，其中一個原因是，團體因參與成員的互動、團體活動及所有的分享與學習，這些過程都可以明顯地感受到團體的「能量」，或者說是「團體的動能」。如果想像在湖面的波浪或是電纜內的電波，都是能量的一種具體表現，所以，大家可以把探索學習的團體活動的能量變化，想像成波浪（如圖 8-1），團體與參與者也會因為互動而產生改變，往某一方向移動，而這個方向便是學習、成長與改變的方向與目標。

　　想像一個企業主管的團體，他（她）們正在進行一項低空的挑戰活動，高牆（The Wall），在活動簡報時，我

圖 8-1
探索學習能量波（Adventure Wave）①

要求所有的主管，分享一件對他（她）個人而言，目前在公司所面臨最大的挑戰與瓶頸，當所有主管順利攀爬高牆，完成任務後，一位主管分享：「原本看到這面牆，就覺得是一件不可能的任務，但我們卻做到了，我現在重新面對自己在公司所面臨的瓶頸，有大家的支持，我更有信心了！」參與者自發性的分享，可以感受到團體神奇的能量起伏。

因此，探索學習規劃者及帶領者，必須小心的作好事前完善的評估分析與規劃，決定如何啟動第一道能量，過程中，如何帶領及引導團體與參與者，將他們的能量，導引到正確的方向，產生學習與改變，這道理看似簡單，但執行的過程卻是極為複雜的工作。

任務簡報

　　探索學習能量波一開始是從「任務簡報」（Briefing）開始，在這個階段，能量開始上升而且開始往前移動，（如圖 8-2）。團體在這個階段會聚精會神地聆聽所需要達到的目標，個個都摩拳擦掌，一付蓄勢待發的氣勢，等不及活動趕快開始，活動帶領者此時許多的提醒與叮嚀，在這個時候，似乎對他（她）們而言，似乎是在浪費時間。在「任務簡報」（Briefing）的階段，主要目標有二：一是基本設定（Grounding）；二是情境鋪陳（Framing）。

探索學習能量波(Adventure Wave)

任務簡報
Briefing

任務簡報
Briefing

目標:基本設定(Grounding)與情境鋪陳(Framing)

圖 8-2
探索學習能量波（Adventure Wave）——任務簡報（Briefing）

基本設定（Grounding）

進行活動前的任務簡報（Briefing），首先需要讓團體與參與者了解的，包含：所要進行的活動內容，需要達到的目標，進行的地點，所需要的技能、資源、時間、安全注意事項及相關的細節等。以下是一個簡單的範例：

活動：團隊雜耍（Group Juggling）

目標與期待

「請大家圍成一個圓，確認每個人都能看到彼此。現在我們要做的是，各位需要在最短的時間內，將這些毛線球從我這邊傳出去，經過每個人，傳回我這裡，一開始先傳一個毛線球，再慢慢增加毛線球的數量，目標是盡量不要讓毛線球掉在地上！」

規則

(1)不能傳給旁邊的夥伴；(2)每個人只能傳一次；(3)除了布偶玩具或毛線球之外，不得使用其他資源。

安全事項

「待會兒，進行活動的時候，有一些安全注意事項，請大家一定要留意，傳球的時候，請注意對方是否已經準備好了？對方準備好了，再傳，而且，不要丟得太用力！」

在基本設定的階段，引導師必須對活動規則及相關的安全與細節，有全盤的了解，清楚掌握團體的狀態及所設

定的學習目標，仔細拿捏活動規則，因為不同的活動目標與規則達佈，會讓團體有不同的互動與發展，當然，對團體與參與者所產生的啟發，亦會受到影響。所以，雖然探索學習的活動很多，但即便是同一種活動的規則安排，也可以有許多創意變形，端看活動帶領者所要達到的目的而定。任務簡報的基本設定雖然簡單，但卻非常重要，可謂牽一髮而動全身。

情境鋪陳（Framing）

這個階段是增進團體與參與者，對活動經驗產生連結與啟發的重要工作。據我的了解，這個步驟也是目前大多數在規劃執行探索體驗課程活動的帶領者，比較忽略的地方。他（她）們一般做完基本的設定，便開始進行活動，而將反思學習的階段，完全放在最後的「引導反思」（Debriefing）階段。這麼做並非有所不妥，而是將所有的可能讓參與者學習的機會，集中在最後的分享階段，並不是最有效率的作法。更何況，以企業客戶的要求，多半希望在最短的時間內，達到預期的目標，本來就不是件輕鬆容易的事，探索學習規劃者及帶領者應該思考，如何以更有效率的方式，協助團體與參與者的學習。情境的鋪陳，可藉由下列三種方法：

隱喻（Metaphor）

使用「隱喻」（Metaphor）來鋪陳情境，便是一種相

當具創意而且有效的方法之一，在團體及參與者尚未開始進行活動前，透過引導師創意的情境鋪陳，讓團體及參與者，事先沉浸在刻意營造的氣氛中，加速團體與參與者對某一議題的連結與聯想，再經由活動體驗與互動，促進他（她）們在「引導反思」（Debriefing）階段的反思與啟發，也許在活動的過程中，參與者早已有了答案。以下是一個引用隱喻的例子：

一個主管團隊，由於公司快速的轉型與擴張，主管對於自己的管理方式，需做適當的調整，建立新的認知。他們正要進行一項經典的體驗活動，交通阻塞（Traffic Jam）。

隱喻的情境鋪陳：「各位主管，伴隨著公司的快速擴張，主管的職責之一，必須在最短的時間內，讓部屬知道該怎麼走，及該怎麼運作。現在，團體分成兩邊站成一列，面對面，中間空一格，二邊的參與者必須在時間內，相互交換位置，但前進的步伐只能前進一步，或者隔著一位參與者向前跳一格（跳棋的走法），而且，一次只能一個人移動。25 分鐘後，各位必須在不發出任何聲音及引導的情況下，順利完成任務，有沒有任何疑問？Go！」

隱喻（Metaphor）的設計有幾個簡單的原則②：

第一，相似性的結構（Parallel Structure），意指活動的過程與實際工作情境具有結構上的相似性，容易讓團體與參與者對真實生活產生類比連結或聯想，上述例子便是案例之一。再舉例，一群工程師一起進行齊眉棍（Helium Stick）活動，團體必須一起支撐著棍子，在不能有人離開棍子的情況下，一起將棍子放到地板，隱喻可以這樣鋪

陳:「各位都是公司資深的工程師，我相信各位每一天工作如此忙碌，無非是希望支持（Support）各位的客戶（棍子），協助他（她）們達到

目標（放到地面），當然，同時也證明了團隊的價值及獲得成就感。」

　　第二，同質性的情境（Isomorphism），意指活動經驗與真實生活具有相同或相似的情境。例如，有一位女學生正在進行高空挑戰項目，獨木橋（Cat Walk），當她進行活動前，我告訴她：「我們都知道，人難免會遇到困難或是對某些事情感到焦慮，但困難的不是事情（柱子）本身，而是如何踏出第一步……」。當她慢慢沿著梯子爬上 12 公尺高的木柱，緊靠著暫時讓她有安全感的木柱，她必須跨出第一步，試著離開身邊的柱子，慢慢地往對面的木柱移動，團體成員都專注地為她進行確保的動作，不時地為她加油，終於，順利地完成挑戰，回到地面後，

她激動地分享著，目前對她而言，最大的挑戰是：「為了將來可以有獨立生活的能力，不讓家人擔心，必須試著跨出第一步，擁有一份自己的收入來源，不再依靠父母。」

隱喻的引用需要格外小心，因為「水可載舟，亦可覆舟」，如果引用不當，或無法正確切合目標，反而容易造成誤解甚至反效果，設計隱喻（Metaphor）時，最好有另一位引導師或工作人員一起進行討論與設計。

前置提問（Front Loading Question）

除使用隱喻外，亦可於進行活動前，以具有引導性的問題，於活動前事先提問，並且告訴團體及參與者，當活動結束時，即將討論這個議題，讓團體在活動中，可以進行觀察與思考，如此，將有效地提升參與者的學習效益。例如，帶著主管進行二人一組的地雷陣（Minefield）活動，事先便讓所有主管了解：「活動結束後，讓我們來討論一下，該如何與部屬建立信任關係？」另外，亦可於進行活動前，複習之前所討論的議題，作為接下來活動的開始，於活動前提問。

目標設定（Goal Setting）

必要的時候，可以要求團體或參與者，在活動前為團體或自己設定目標。探索學習最重要的，就是將活動中的經驗與啟發，移轉運用在實際的生活中，尤其企業團體，公司為了課程活動，所投下的時間成本與金錢，怎可只是「玩玩」而已？對探索學習規劃者及帶領者而言，更重要

的是，如何引導團體與參與者不只是對課程活動的高度參與投入，進一步對未來的工作關係與績效改善，有一定程度的改變，至少要比現況更好才行。目標設定的活動很多，如二人一組的 Goal Partner Review、Human Camera 等，但要注意一點，身為引導師，必須監控並指導參與者設定目標的狀態，建議可要求參與者彼此提醒，目標的設定需符合「SMART」法則，避免天馬行空的空談，馬虎了事。

由此看來，任務簡報（Briefing）並非只是做基本設定如此單純。當然，各位也千萬不能設限，任務簡報（Briefing）一定是活動的一開始，事實上，有許多時候的任務簡報（Briefing）是延續自上一個活動的引導反思（Debriefing），畢竟，探索學習能量波是一種連續而不斷變化的能量，有時，真的不能硬生生的將連續的能量切段，定義「任務簡報」（Briefing）是體驗活動的一個階段，這樣反而會讓你的課程活動不流暢。

活動進行

現在，團體已經迫不及待要進行活動，釋放累積已久
的能量。「活動進行」（Action）階段是團體動能最高的
階段（如圖 8-3），探索學習體驗活動是相當誘人而且讓
人興奮的活動，應該這麼說，還沒有發現有團體或參與者
不喜歡探索學習活動，當然包含企業人士。「活動進行」
（Action）階段主要的內容分別有：進行活動（Doing）、
監督指導（Directing）及與團體共同創造高峰經驗（Co-
creating）。

進行活動（Doing）

進行活動（Doing），便是依據任務簡報（Briefing）

探索學習能量波(Adventure Wave)

活動進行
Action

活動進行
Action

目標:監督指導(Directing)與共同創造(Co-creating)

圖 8-3
探索學習能量波（Adventure Wave）──活動進行（Action）

階段所提供的活動目標、規則及資源等，開始進行挑戰，過程中，並非完全放任團體與參與者的互動，探索學習引導師可以運用 G.R.A.B.B.S.S.，觀察團體內成員之間的互動行為，並且確認團體與參與者，在你所設定的範圍（Boundary）內進行活動。若不是，那麻煩來了，引導師得要有所行動！

監督指導（Directing）

團體與參與者進行活動，不見得可以如預期般一帆風順地完成交辦的任務，過程中，可能會發生的狀況太多了。觀察團體與參與者的行為，是「活動進行」（Action）階段的重點工作之一，因為這些互動的事件以及具體發生的行為，將會是引導師在「引導討論」（Debriefing）時，關鍵的「事實」或「資料」，這會是團體真正的具體共同經驗，千萬不能遺漏，因為前面的巧妙設計與鋪陳，就是等待這個階段，團體與參與者實際的行動。

以 G.R.A.B.B.S.S. 觀察團體與參與者的互動，確認他（她）們是否清楚了解目標？是不是對活動感到有趣，而且保持專注嗎？他（她）們清不清楚規則及你所設下的範圍界限（Boundary）？他（她）們合作嗎？解決問題的能力如何？他（她）們彼此的信任關係如何？他（她）們玩得開心嗎？還是興趣缺缺？他（她）們落實完全價值承諾（FVC）的程度如何？團體的發展狀態如何？等。

另外，觀察團體與參與者的行為，可以從二個角度進

行觀察，第一種觀點，稱之為焦點解決（Solution Focus）
③，引導者視團體或參與者的某些行為，可能是未來解決
問題或創造更高價值的重要來源，舉例而言，一杯半滿的
水杯，具焦點解決（Solution Focus）觀點的引導師，會思
考：「團體如何讓杯子裝滿半杯水？」以這個角度收集解
析團體與參與者的互動與行為；另一個觀點，稱之為問題
解決（Problem Solving）③，引導者視團體或參與者的某些
行為，可能是造成問題發生的原因來源之一，同樣以半滿
的水杯舉例，具問題解決（Problem Solving）觀點的引導
師，會思考：「為什麼只有半杯水？怎麼做可以更好？」
這二個不同的觀點，沒有對或錯之分，只是在不同的學習
目標前提下，探索學習引導師，必須引用最適合的方式來
觀察並監督團體的發展。

當團體與參與者，並未在你所設定的範圍界限（Boundary）內進行活動，或者偏離軌道時，引導師必須進行介
入（Intervene），在第七章我們已經談了一些有關介入的
概念，介入的目的之一，在於指導團體與參與者聚焦在學
習的議題目標上，關於何時介入？以及如何介入？在這裡
可以多做一點討論。

何時介入（When to intervene）？

首先，探索學習引導師必須對自己的團體帶領與管
理，有一定程度的信心，而且必須具備一些基本的認知，
當團體需要介入時，並不代表引導師挑錯了活動，或是任
務簡報（Briefing）不夠完善。有時候，當團體需要介入

時，可能是因為團體或參與者用盡了資源，或耗盡了體力而感受無力；也可能他（她）們只是需要一些協助或引導。但，身為探索學習引導師需要注意的是，絕對不能提供任何「主觀價值判斷」的訊息，例如，「什麼是更好的方法？」「怎麼做是對的？另外是錯的？」「其實還有更聰明的作法……」等，因為當團體需要介入或協助時，也代表了他（她）們無法正確而客觀的評估判斷，這些訊息是不是對他（她）們有幫助，或適合他（她）們。

　　另一方面，若錯過當介入團體的最佳時機，讓團體與參與者在原地消磨太久，甚至讓狀況更加惡化，則容易讓參與者對剛剛所經歷的活動，累積太多的負面經驗與情緒，對團體與參與者的學習，沒有任何幫助。記得有一回，一群企業主管正在進行攀爬高牆（The Wall）活動，當時，團體成員中有幾位年紀稍長的男性主管，以及三位年輕的女性主管，其他都是年輕力盛的主管，之前他（她）們進行了需要大量體力的高空挑戰活動，巨人梯（Dangle Duo），主管顯得有些疲累，但卻又堅持一定可以順利在時間內翻越高牆（The Wall）。活動規則，限制了最多只能停留三位參與者在高處，其他通過高牆的參與者，必須以「先上先下」的原則，回到地面協助確保，而且過程中，不得使用任何身體以外的資源或物件。一開始順利的通過幾位主管，但卻明顯因為幾位年紀稍長的男性主管，以及女性主管的體力狀況不支，讓團體不斷地面臨失敗的挫折，此時，團體陷入一種低迷的氣氛。這個時候，我叫住團體，請他（她）們暫停，「現在各位可能遇到了一個

棘手的狀況，雖然現在工廠產能滿載，但適逢客戶跨年放大假，為避免公司過多庫存，各位需不需要考慮調節產能利用率，讓團隊與設備進行休息與保養，各位放心，這樣的作法，對公司的績效表現沒有任何負面的影響，各位的意見呢？」團體選擇休息 20 分鐘。休息過後，經過一番重新檢討，團體順利的通過高牆（The Wall），團體與參與者對於自己的表現及中間休息的決定，都表示肯定。

如果當時不適時介入，提供協助，參與者很可能對這項活動或經驗，累積太多挫折感，進而無法再對該活動有任何興趣，甚至沒有信心，而做一些負面的解讀：「這根本就不可能！」「也許別人做得到，但我不行！」

如何進行介入（How to intervene?）

至於如何介入？如同上述的原則：絕對不能提供，任何「主觀價值判斷」的訊息。當介入的時候，引導師需要以與團體或參與者共同創造（Co-creating）高峰經驗，做為介入的策略，也就是讓團體或參與者作決定，引導師只提供參考的建議與協助。

調整活動

團體正進行循環迷宮（Cycle Time Puzzle）活動，但進度似乎不太理想，而且接近中午用餐時間，引導師叫了暫停，詢問所有參與者，「因為時間的關係，各位希望得到一些提示或修改規則，來完成活動？還是希望稍作休息用餐後，回來繼續解決這個問題（活動）？」如此，不只是引導師，包含團體與參與者都可以自發性挑戰（Challenge By Choice）的精神，作出自己的選擇與決定。

另一個例子是，一個團體正在進行翻越高牆（The Wall）活動，由於規則限定，過程中，不得使用任何身體以外的資源或物件，通過的參與

者只能協助確保，但不得碰觸或協助未通過的參與者。這讓最後僅剩的一位參與者以及整個團體陷入極高的挑戰，經過許多的嘗試與挫折後，團體又陷入了低迷……。有些活動帶領者的介入方式會是，在團體內低聲耳語，「強烈的暗示」，參與者可使用當時參與者身上的穿著或安全吊帶；或是當參與者使用身體以外的資源或物件時，帶領者「刻意忽略」，裝作沒看到。坦白說，我不建議這麼做，這中間冒了幾個風險：第一，低聲耳語的強烈的暗示，可能傳遞了，「你們錯了，我這裡有更好的方法！」的主觀

價值判斷，容易讓團體對學習失焦或錯誤解讀，讓團體失去自己解決問題的機會與信心；第二，未經與團體確認與協商，「刻意忽略」裝作沒看到，私自同意團體使用身體以外的資源或物件，造成對學習上的衝擊更大，因為，會讓團體及參與者認為，團體的規範與承諾是不重要的，不需要尊重與遵守，「連活動帶領者都可以裝作沒看到，何必那麼認真？」團體及參與者更會錯誤的認為，「成功的活動結果才是重要的，其他都不重要！」以這個狀況為例，我會這麼做，「大家請暫停，各位似乎碰到了一些困難，是嗎？」「因為時間的關係，我有幾個建議，各位希望這個活動就進行到這理，不再繼續，換下一個活動；還是修改一部分的規則，繼續進行活動？或者暫停一下，稍作休息後，回來繼續解決這個問題（活動）？」

調整活動的意思，並不是對當時所設定的原則與範圍，私自作出退讓，只為了讓團體與參與者「順利地」完成任務，得到成就感，更重要的是，不論活動結果成功或失敗，都必須讓團體與參與者在學習上得到成功，從中學習做更好的選擇與決定。這也是與團體或參與者共同創造（Co-creating）高峰經驗的內涵之一。

介入，給與指導

當要求參與者以 SMART 法則，進行目標設定活動（Goal Partner Review），過程中，觀察到參與者並未全心投入活動，反而以嬉戲玩笑的態度，將一些諸如「團隊合作」、「溝通協調，取得共識」等「標準答案」作為目標設定的內容，如果不立即介入，將會讓後續的學習與活動

無法順利進行。這個時候，必須當機立斷，暫停活動，向團體及參與者，再次強調目標設定活動（Goal Partner Review）的目的，以及希望達到的目標，甚至指導如何正確運用 SMART 法則，來協助他（她）們進行接下來的活動。除此之外，另外包含進行信任活動，或是高空挑戰活動的確保技能及該有的行為態度，都必須格外留意。

更換一個更適合的活動

一個主管的團體，原本要進行團體雜耍（Group Juggling）活動，卻發現他（她）們並未像人力資源部門所說的「應該互相認識」，事實上，近來因公司擴張以及廠區分散，即便業務上有所往來，但主管之間的熟悉程度有限。於是，引導師立刻更換更適合的認識活動，Toss-A-Name，「為了讓我們傳得更順利，在我們將毛線球傳給對方前，先請教他（她）的名字……」。

重新聚焦

團體正在進行高空挑戰活動，在進行之前，所有參與者都認同落實他們的「團體的約定」〔也就是完全價值承諾（FVC）〕，過程中，彼此需要尊重個人的意願及互相支持與鼓勵。正當團體興奮地進行挑戰時，在地面的參與者漸漸開始大聲地嬉鬧起來，甚至對正在高空進行挑戰的夥伴，大聲咆哮開玩笑。團體內一來一往的嬉戲互動，已經開始影響團體的安全信任關係與氣氛。此時，引導師應在當參與者回到地面，立刻暫停活動，請所有參與者回顧剛剛所發生的狀況，同時提出一些觀察，並且詢問：「剛剛的過程，各位覺得團體之間的信任與支持關係，做得如

何？」「這是各位進行挑戰時，期望的氣氛及互動方式嗎？」如此的提醒與介入，團體將會以更慎重的態度進行活動，而且更了解為維繫團體內的信任支持關係，彼此需要扮演的角色與職責。

確認（Check In）

有一次，一個老師團體進行交通阻塞（Traffic Jam）活動時，進度並不如預期，團體一直無法順利的解決複雜的問題，這讓他（她）們開始分心，無法專注在活動上，只有少數幾位參與者還認真的用紙筆在研究著該如何解開難題，而其他的參與者，卻在旁邊聊了起來。這只是觀察他們的行為，所做的評估與推論，我需要向團體確認一下我的推論以及大家的狀況，我叫住團體，「各位現在還好嗎？」「有沒有任何疑問或需要協助的地方？」「各位都清楚要達到的目標嗎？」這個動作讓我及所有參與者，對其中存在的疑慮做了澄清與確認，也快速地讓團體重新聚焦。「確認」（Check In）的技巧，除可以澄清規則或目標外，亦可以討論團體或參與者的想法與感受。

團隊會議（Call Group）

團隊會議（Call Group）是一個很特別的技巧，也是引導師授權團體的方式之一。有一回，一個學生團體，所有參與者承諾以「我們的約定」（也就是完全價值承諾）進行活動與學習，當時我選擇了原子爐（Objective Retrieval）活動，進行到一半的時候，團體開始產生不同意見，而且無法進行有效的溝通與協調，導致過程中，便因為成員的粗心，而讓活動失敗。此時，我讓團體坐下來，討論

一下剛剛發生的事，他（她）們自己做了許多覺察與檢討，有了一個建設性的作法，他（她）們希望未來可以彼此提醒，於是，我導入了「團隊會議」（Call Group）的作法，「未來，如果團體內，如果有任何成員，希望彼此提醒，可以隨時暫停活動，召開團隊會議（Call Group）。」他（她）們選擇再重新操作一次原子爐（Objective Retrieval）活動，過程中，果然有成員因為發覺有太多不同的意見，而未被有效的管理，而在中途召開團隊會議（Call Group），順利的對解決問題的策略與方式，達成共識，完成了任務。授權的團隊會議（Call Group），可以讓團體與參與者，學習以主動積極的態度行為，面對問題與困境，找到最適合團體的解決方式，而引導師幾乎不需要多說一句話！

當使用「團隊會議」（Call Group）時，基本上，代表著團體內有特別的議題發生，不論是團體的互動，還是個人的特殊需求。「團隊會議」（Call Group）的基本精神，就是授權團體與參與者，並協助發展以下目標：

- 勇於澄清
- 彼此理解
- 彼此接納、相互體諒

· 啟發與成長
· 支持與信任
· 積極面對、勇於嘗試與冒險
· 同理心與同情
· 成功經驗

當團體中任何一位成員啟動團隊會議（你可以讓他們發揮創意，以一個口令，代表啟動團隊會議，如「Circle Up！」「團隊會議！」「暫停！木頭人！」等），所有活動必須暫停，讓團體進行討論與分享，直到該議題解決，取得所有成員的認同與共識後，才能繼續。引導師一開始，必須帶領並協助團體學習如何正確而適當的使用「團隊會議」（Call Group）這個技巧。

引導討論

探索學習能量波經過高動能的活動進行後，開始往下移動（如圖 8-4），進入反思啟發的階段，這個階段也稱之為「引導討論」（Debriefing）。但在這個階段所面臨的挑戰也最大，有時候，團體或參與者在前面二個階段，還保持高度的投入與參與，但活動結束後，若要他（她）開始停下來「想」或「分享」，這的確是件不容易的事，尤其對東方的中國人來說，更是難上加難。

探索學習能量波(Adventure Wave)

引導討論
Debriefing

引導討論
Debriefing

目標:反思(Reflection)、連結概念化(Generalization)與應用移轉(Applying)

圖 8-4

探索學習能量波（Adventure Wave）──引導討論 Debriefing

如何面對困境

　　對孩童或學生而言，他（她）們不善「分享」或「對話」；但當長大成人後，卻又恐懼「真正地」分享或對話。以企業團體而言，有時參與  者會選擇「沉默」；有些會選擇以「標準答案」，應付了事，這二種狀況都一樣相當棘手。

　　面對沉默，是許多探索學習引導師的罩門，團體的沉默可能是表達「抗拒」的一種方式；但如果運用一些創

意，也可能是另一個對話的開始。當引導者遇上沉默時，大多會因為恐懼或壓力而選擇逃避，當然，沉默是一個需要解決的問題，但不代表需要完全逃避，引導者必須謹記「你不是唯一要對此負責的人！」讓團體與參與者一起和你共同面對與承擔沉默，你將會有意外的收穫。

至於參與者拒絕真正地對話，選擇以標準答案回應引導師的引導，這必須從自發性挑戰（Challenge By Choice）的觀點來看，引導師無須躁進，這樣的結果，也是團體或參與者的選擇與決定之一，引導師必須尊重他（她）們的選擇，同時循序漸進，讓團體與參與者感受理解引導師誠懇的中立角色，是值得信任的，塑造開放、支持、信任的學習氣氛，慢慢讓參與者卸下心防，開始真正的分享對話。這需要一些時間和步驟，引導師不僅要對團體有耐心，對自己也要有信心。

引導討論：連續的動態經驗（Action-oriented）

引導討論並不是靜態的談話過程。真正探索學習的引導討論，仰賴任務簡報與進行活動之間的交互作用，更著重在一連串的學習目標、活動決定及隱喻安排等對團體與參與者的影響。引導師必須讓團體與參與者共同參與投入引導討論，就如同參與活動經驗一般，對引導討論這件事，感覺有趣、興奮、安全且有生命力的。但如果將引導討論視為獨立且靜態的談話過程，活動—討論—活動—討論，只會讓團體或參與者感覺：「又來了！又要討論了！」

「這跟上課沒什麼兩樣嘛！」「我不想說了！」「到底還要多久才會結束？」所以，探索學習引導者，必須將引導討論視為連續的動態經驗（Action-oriented）。

引導討論：解決問題的行動（Initiative-oriented）

引導討論是活動經驗與啟發學習中間的橋樑，二者之間存在著落差與距離，有時候，團體或參與者不是不願意進行反思與分享，而是他（她）需要一些協助。試想，當團體與參與者共同經歷令人興奮的解決問題經驗時，可能會有以下的過程：

- 每位參與者的全心投入。
- 團體與參與者認同且實踐他（她）們的約定（完全價值承諾）。
- 過程中，團體內彼此尊重、支持與信任。
- 在引導者的帶領下，由團體與參與者探索最適合他（她）們的解決方式。
- 團體以如何得到更好的結果作為焦點。
- 不論團體的目標，或是個人的需求，都視為要一起努力達到的目標。
- 引導師與所有參與者共同參與整個過程。
- 珍惜當下的互動經驗。
- 團體與每位參與者必須理解，需要對自己的學習與改變負更多的責任。

在引導討論（Debriefing）階段，引導師必須以積極解

決問題的行動（Initiatives），塑造具備以上過程的情境氣氛，才能更有效地協助團體與參與者，拉近活動經驗與啟發學習之間的落差與距離。

引導討論的安排

引導討論（Debriefing）的三階段：觀察反思（Processing）──「What？」、形成抽象化概念與歸納（Generalizing）──「So What？」以及運用觀念（Applying）──「Now What？」，在之前第三章的經驗學習循環（Experiential Learning Cycle）中，已針對引導討論的基本原則，做了一些說明與解釋，在此章節裡，就不再贅述。

What？

引導討論的目的是拉近活動經驗與啟發學習之間的落差與距離，促進學習與理解，「What？」的問題是一個重要開始，引導者帶領團體與
參與者回顧活動過程中發生了什麼事？有什麼特別的觀察或感受？強調重點不只是任務的達成，更重要的是，團體內成員之間的互動。

「大家對剛剛的成績滿意嗎？為什麼？」

「剛剛發生了什麼事？有什麼特別的觀察？」

「剛剛的過程中，我們聽到最多的語句是什麼？那是什麼意思？」

「剛剛過程中，溝通的品質如何？」

「有沒有任何人的意見被忽略？為什麼？對我們有什麼影響？」

「過程中，最大的挑戰是什麼？我們是怎麼處理的？」

「我們有Leader嗎？她（他）做了什麼，讓你覺得她（他）是Leader。」

「剛剛的經驗中，讓我們成績明顯提升的關鍵是什麼？」

So What？

「So What？」的問題是讓活動經驗產生學習意義的過程，引導團體與參與者，分享從經驗中學習到了什麼，探討發生的結果，或預期卻未發生的狀況，要求參與者進行自我覺察與評估。

「這樣的作法（想法）在工作上可以是什麼意思？能不能舉個例子？（或說得更清楚一些）」

「延續剛剛的想法，你們認為一位成功的Leader應該具備什麼條件？」

「剛剛發生的狀況，在我們團隊實際運作中，有沒有類似的經驗發生？」

「透過剛剛的經驗，未來我們該如何致勝？」

「剛剛發生的事，在實際工作或管理實務上，有沒有可能會發生，可以舉個自己實際的例子嗎？那代表了什麼？」

「要怎麼做，才能讓你們的結果更一致？」

Now What？

「Now What？」象徵著學習的移轉（Transfer of Learning），也就是付出行動的開端，邀請團體與參與者形容學習的過程，以及如何將所學應用於其他的狀況中（下一個活動或現實工作生活），讓學員有自我檢視及省思的情境，提供成長與改變的機會。

「各位的下一步是什麼？」

「透過這個活動，可以讓我們帶到下一個挑戰的學習或提醒是什麼？」

「如果再來一回合，我們需要怎麼做，才能讓我們『完美演出』。」

「如果再遇到這樣的狀況，各位的決定會是什麼？為什麼？」

「暫且不談剛剛的活動，在各位的實務工作上，真的可以這麼做嗎？可能會有的挑戰是什麼？」

引導討論的技巧

除了「What？」「So What？」「Now What？」的引導討論的安排，有一些細節與技巧可以和大家分享，不妨試

著將它們放到各位的團體實務工作中：

保持自我清醒

　　帶領團體是一相當容易消耗體能的工作，不但要帶領參與者進行活動，還需要隨時觀察團體與參與者的行為與微妙的互動關係，並引導他（她）們進行學習，引導師必須隨時保持良好的身心狀態以及頭腦清醒，不忘以 GRA-BBSS 作自我檢視。每一次，在面對團體前，我一定會讓自己有 30 分鐘的獨處時間，來整理思緒。

　　該休息的時候，就得充分休息，將它視為引導員的紀律之一。當然，有些狀況，為了參與者的學習，引導師即便再累，也需要堅持下去，因此，我強烈建議，身為探索學習引導師，設法在平時訓練自己的體能，養成運動的紀律與習慣，你可以選擇一些簡單方便而且自己可以進行的運動，如慢跑、游泳、折返跑、跳繩、拉單槓、伏地挺身、仰臥起坐、踏階、瑜珈等。

收集事實（Fact）與資料（Data）

　　參與者在活動中發生的互動，對他（她）們的學習是相當珍貴的「材料來源」，引導師必須將這些資料一一收集，以便作為後續的引導討論，或作為下一活動設計的資料。並不是每個引導師天生就懂得如何傾聽收集這些資料，是需要在帶領團體的經驗中，不斷地練習與累積經驗。

　　在傾聽和收集的過程中，引導師以同理的移情，觀察參與者的行為、他（她）們的想法及他（她）們的感受。

其實，如果可以的話，準備一本筆記本，當每次或每天，活動告一段落後，記下你所觀察到的狀況與現象，以及你的想法。這個作法需要高度的自我要求及紀律，雖然很辛苦，但效果非常好。有時候，如果設備與人力允許的話，甚至可以使用錄影或錄音的方式，都可以幫助自己回顧一天的所有過程。其實，有些參與者喜歡在活動後，喜歡透過影片欣賞與回顧整個活動過程，享受自己上鏡頭的樣子。

時而帶領、時而參與

引導師有時候需要以「參與者（或夥伴）」的角色，和團體一起互動參與活動，提供你的意見；有時候，卻需要以「帶領者」的角色，與團體保持一定的距離，帶領團體與參與者，解決他（她）們的問題。那到底什麼時候該「參與」？什麼時候該「帶領」？雖然這二個角色對引導師而言，多半是衝突而矛盾的，但只要拿捏管理得當，還是可以兼顧。

實際上，引導師需要以「參與者（或夥伴）」的角色，和團體一起互動，有以下狀況：(1)安全上的確保；(2)破冰及暖身的活動；(3)適當的時機，分享自己的故事與經驗；(4)表達引導者的同理心、關心與幽默；(5)強化影響

力。這些狀況下，引導師以「參與者（或夥伴）」的角色，和團體一起進行活動，可以創造「我們是同一個團體」的氣氛，有助於建立引導師與團體的信任關係。

根據所聽到、所觀察到的，促進連結

探索學習引導師不但要敏感地傾聽團體，觀察團體，更要有快速的聯想力與創意，根據所聽到、所觀察到的，促進連結。舉例而言，當團體針對幾分鐘前才結束的高空挑戰活動，獨木橋 Cat Walk，進行分享，有人提到：「剛剛這個活動，就是需要勇敢的往前跨一步，跨出第一步，後面就不再那麼可怕了！」Yes！打鐵趁熱，我立刻接著問：「對你而言，此刻，什麼事情需要你勇敢的往前跨出第一步？」引導討論（Debriefing）其實可以很簡單。

直接向團體與參與者確認（Check In）

「千萬不要以為你知道他（她）們怎麼想？或怎麼感覺？」「確認一下！」探索學習引導師必須時常提醒自己。我們在前面「介入」（Intervene）的說明中，也有提到「確認」（Check In）的技巧，它具有協助團體或參與者澄清與聚焦的功能，在引導討論過程中，也可以交錯使用確認（Check In）這個技巧。

「請大家以天氣來形容你現在的心情。」

「請問各位現在對下一步的打算或計畫是什麼？」

「各位清楚方向嗎？」

目標設定

　　沒有明確目標的探索學習活動，只會讓參與者留下有趣的活動經驗，不會有太多學習。企業團體進行探索體驗學習課程，引導師必須在過程中確認團體與參與者對目標的理解與承諾，為求「有效的學習」，在課程一開始，便需要與所有參與者確認他（她）們在時間內，需要達到的目標。以塑造企業文化價值觀相關議題為例，課程規劃者及引導師必須讓公司高階主管了解，課程活動中他所需要扮演的角色，以及為課程活動的目的，作清楚地布達與說明，同時，表達公司對所有參與者的期望，以釐清所有的好奇與疑惑。在活動過程中，引導師便帶領團體與參與者往這個目標邁進。

　　若以團隊發展或建立團隊為主要訴求，探索學習引導師就必須帶領團體，針對團體與參與者的行為，建立團體共同認同的行為規範（完全價值承諾），增強或排除一些特定的行為模式。過程中，引導師必須不斷協助參與者，設定新的行為目標，這個部分，在實務上會遇到很多挑戰及阻力，包含，參與者是否願意討論這個議題？是否準備好作一些改變？是不是大部分都是引導師在唱獨角戲，參與者只是一味的配合，不願意「真正的對話」？探索學習引導師需要不斷地提醒團體與參與者，「請各位了解，這些不是為了我（引導師）而做，而是為你們自己！」讓所有參與者理解，整個課程活動，他（她）們需要對「目標」的承諾與責任。當然，這中間有一部分的工作是，如

何事前與所有參與者進行溝通與心理建設，取得大家的支持。

引導討論的小活動

　　即便引導師不斷地在活動過程中收集事實與資料，但如果參與者不分享或不討論這些議題，對於團體的學習與改變，也是有限。前面我們談到了引導討論，可視為連續解決問題的行動，當我們在進行引導討論時，其實可以多利用一些有創意的作法或活動，協助參與者表達他（她）們的想法與感受。

輪流發言

　　這些活動要求團體圍成一個圓，一個個輪流發言，讓每個人都有機會練習分享他（她）們的想法，以促進討論。

1. 形容詞：請每一位參與者想一句簡單的話或一個詞句，來形容剛剛的活動。

2. 故事接力：一開始，引導師或是其中一位自願者開始一段話，接下來，其他成員必須以接力方式，每個分享一段話，來完成一個有意義的故事。

3. 時光機器：一開始，由一位自願者開始回憶剛剛活動的細節，以接力方式進行，過程中，每個人都必須仔細聆聽，當有人發現，有一些細節被遺漏了，立刻喊「等一下！」進行補充說明後，再繼續回顧活動。

4. 造句比賽：請每位參與者，將自己對活動或剛剛的互動經驗以「我覺得很驕傲，因為……」造句。

評量

請參與者對剛剛的經驗或團體的互動，給予評量或評價：

1. 拇指評量：拇指朝上代表「同意」；拇指朝下代表「不同意」；拇指水平代表「沒意見」或「待評估」。

2. 以機器比喻：請參與者以一些機器來比喻，如汽車的排檔，是 1 檔、2 檔，還是 5 檔，汽車或船的馬力、公里時速等。

3. 1~10 評分：請參與者對剛剛的經驗或團體的互動，從 1 到 10 給予評分，這個方法快又好用，可以讓參與者很快的進行自我評量。

4. 落差分析：請參與者想像，如果目前的進度與狀態和團體或參與者預計要達到的目標，存在著落差，請參與者用具體的呈現方式表達差距有多少，進一步可討論可以如何拉近這個落差。

5. 溫度計：以簡單的「熱、溫、涼、冰」來形容感覺。

6. 色卡：引導師可自行準備一些不同顏色的卡片，讓參與者挑選最能代表他（她）們感受或心情的色卡，來向大家分享。

擬物化

引導師可以讓參與者以下列物品，來形容自己的想法與感受。

1. 「榔頭」或「鐵釘」：有些參與者會說：「我像一支榔頭，不斷地釘下面，不論他們有什麼反應！」

有些參與者則會說：「我像一支鐵釘，不論怎麼說都沒用，還是會被釘！」

2. 「領導者」或「配合者」：讓參與者覺察，在團體互動過程中，自己的角色扮演與影響力。

3. 「傾訴者」或「傾聽者」：當團體互動時，參與者習慣的行為是什麼？有些人是「傾訴者」，總是滔滔不絕地向大家分享他（她）的想法；也有人善於扮演「傾聽者」，傾聽別人的意見。

4. 「思想家」或「實踐家」：讓參與者自我檢視，說的多，還是做的多。

5. 「垃圾桶」或「提款機」：有的參與者會抱怨：「為什麼我總是像垃圾桶，一定要聽別人的哭訴和抱怨，那誰聽我的？」當然，也會有人說：「為什麼我總是像提款機一樣，大家都想要從我這邊得到一些東西，那誰可以給我我要的！」

象徵物

我特別喜歡讓團體或參與者，使用一些象徵物來形容他（她）們自己的感受或心情。

1. 利用道具或黏土，製作雕像。

2. 大自然中的物品，如：石頭、樹枝、樹葉、花草等。

3. 動物。

4. 照片或明信片。

5. 心情曲線：請每一位參與者畫一條曲線來代表過去及現在的心情。

6. 虛擬好夥伴（The Being）：讓團體在一張海報紙上

描繪出一的人的輪廓，他（她）象徵了陪伴著團體的好夥伴，時時提醒我們如何可以做得更好，請大家討論，將大家期望且正面的想法或作法，寫在這位好夥伴的身體裡，將不希望發生的事情或議題，寫在外圍。

7. 「看起來……；聽起來……；感覺起來……」：請團體或參與者對剛剛的經驗或某一特定議題，以「看起來……；聽起來……；感覺起來……」的方式造句描述這些想法。

8. 製作頭條新聞。

9. 活動日誌或寫作。

10. 好文鑑賞。

11. 說故事。

12. 影片欣賞。

結語

探索學習課程的進行方式，經歷任務簡報（Briefing）、活動進行（Action）及引導討論（Debriefing）三個重要的階段，帶領團體與參與者經歷不同的團體動能，進行反思與學習。我必須強調，千萬不要認為引導討論（Debriefing）是唯一可以促進學習的階段。探索學習引導師必須了解，如果熟悉各階段團體的能量狀態及精確地與團體互動的方式，團體與參與者的學習，是可以發生在任何一個階段

的，一段精彩且貼切的任務簡報、活動過程中精準而有效的介入，或者是一段有趣生動的引導討論，都可以引發團體及參與者啟發與學習的意願，讓學習是連續而動態的（Learning On the Run），對團體與參與者而言，什麼是探索（Adventure）？永遠抱持著好奇心，猜不透你下一步要做什麼，引導師不斷地帶給參與者驚喜與挑戰。對於每位參與者及團體帶領者來說，探索學習的過程都可以 Have Fun! Keep Challenge！

注 釋

① Jim Schoel & Richard S. Maizell, *Exploring Islands of Healing*（pp.158-161），Project Adventure, Inc.

② Michael A. Gass, Jude Hirsch & Lee Gillis, *DVD: Developing Metaphor for Group Activity.*

③ Simon Priest, Michael Gass & Lee Gillis, *The Essential Elements of Facilitation*（pp.99-102），Kendall/Hunt publishing.

3

進階發展

(Advanced)

第九章

如何成為成功的探索學習課程規劃者？

　　探索學習事實上在企業培訓中扮演一個很特殊的角色，大家都喜歡這個學習工具，因為它帶給團體與參與者輕鬆、自在、尊重、信任與支持的學習氣氛，更特別的是，絕大多數的參與者都熱愛這些充滿創意與挑戰性的探索學習體驗活動。我發現，除了西方國家可以接受從遊戲中學習（Learning by Games）的方式外，事實上，東方人也很喜歡這一種媒介，只是有不同的偏好與看待的方式。至少，在我目前所接觸到的團體與參與者，都非常喜愛這些活動。更重要的是，團體或參與者都可以透過這些課程活動，得到許多啟發，而達到學習成長的目的。既然如此，何不試著著手規劃你的第一個探索學習課程。

第一次輕鬆上手

　　探索學習的課程規劃著重三件事：一是承諾（Com-

187

mitment），指的是公司或主管對整個課程或計畫的支持
與承諾，沒有從上到下的貫徹，將無法得到足夠的資源；
二是連結性（Connection），課程活動的設計與安排，必
須緊扣學習目標並符合公司政策，以促進參與者的學習及
公司組織的變革或政策的推動；最後是配套後續的行動
（Follow Up Actions），避免活動結束後只有「激情」，沒
有「行動」，畢竟，績效與變革的成果才是重點。第一次
規劃探索學習課程，可依循以下九個步驟及原則，進行安
排：

步驟一：確認導入探索學習課程的需要

工作重點

☑ 確認了解探索學習課程的執行方式及可以達到的
效益與限制。

☑ 確認沒有其他更好、更有效的方法來解決公司或
組織所面臨的問題。

確認了解探索學習課程的執行方式及可以達到的效益與限制

可以透過資料的收集，或向專業的外部企管顧問公司
或相關機構洽詢，了解探索學習課程活動的執行方式，以
便評估是否適合這次的課程（活動）目標。在這個部分也
要特別注意一點，「體驗學習」的課程服務範圍很廣，有
許多不同風格作法的體驗學習課程提供者，有些擅長運用
音樂與冥想來促進激勵引導；有些則擅長運用虛擬情境的

紙上活動，來進行引導與學習。事實上，「探索學習」是其中一種風格與作法，擅長運用探索冒險活動，塑造開放、信任與尊重的學習氣氛，透過綿密的引導，促進學習與改變。這中間沒有「絕對哪一種風格或方式最好？」的問題，應該是「你的課程目的與參加對象最適合哪一種方式？」這需要做一點功課。

　　另外，還必須注意探索學習課程的效益及限制是什麼，有時候，公司高階主管會向我反應，新任主管的管理能力不足，是否可以透過探索學習課程來改善主管的管理效能？我的回答分二個部分：就新任主管的管理能力，如：目標設定、建立團隊、激勵團隊、績效管理、協調能力等，探索學習無法直接地而實務地提升主管的管理能力，這些議題必須回歸基本的認知學習以及資深主管的指導，並且親身帶領部門團隊，從管理實務中不斷改善，這需要時間，沒有捷徑；但就新任主管的角色與職責，由於「擔任管理者」，這個角色對新任主管而言，是過去沒有的經驗，他（她）們會以過去的工作習慣與思維來做主管的工作，這當然行不通。透過探索學習活動的設計與安排，讓新任主管對自己身為「管理者」或「主管」，該有的態度與策略，以及需扮演的角色和肩負的職責，建立新的認知，以促進新任主管「改變」他（她）們過去的管理行為。在這個目標上，探索學習是可幫上忙的。

確認沒有其他更好、更有效的方法來解決公司或組織所面臨的問題

　　有時候，公司的高階主管會很興奮地衝進人力資源部門的辦公室，「X 公司最近辦了一個體驗學習的課程活動，聽說效果不錯，你們研究看看……」，臉上露出了「公司目前所面臨的問題，也許可以靠這種方式可以得到改善……」的喜悅神情。這時，主管或人力資源部門人員必須沉住氣，要冷靜地分析判斷，確認目前公司或組織所面臨的問題，有沒有其他更好、更有效的方法來解決，而不要貿然的一頭跳進「探索學習是靈丹妙藥」的迷思。在開始導入前，主管或人力資源部門人員必須具備，導入探索學習課程並非特效藥或快速解決問題的方法的認知與共識，更不能是「別的公司辦了，我們也要辦……」，為了趕流行。畢竟，許多公司或組織所遇到的困難，還是得回歸管理與策略方向擬定等基本面，來作調整，探索學習在企業管理當中，不能也不會喧賓奪主。

步驟二：確立課程方向與目標

工作重點
☑　確認公司或主管認同，探索學習課程為目前解決公司問題最好的作法之一。
☑　確立具體明確的課程目標與基調，並取得公司或主管認同與支持。

確認公司或主管認同，探索學習課程為目前解決公司問題最好的作法之一

　　當主管或人力資源部門人員完成一系列的評估與分析，如果以當時所面對的議題而言，探索學習是最適合的促進學習與改變的工具，下一步要做的是，讓公司高階主管理解你的判斷，並取得他（她）們的支持與認同。據我的了解，對探索學習所知不多的主管來說，這不是一件簡單的工作，最好在「誠信」原則下，透過外部的專業資源，來進行說明與說服的動作，成功的機率較高。

確立具體明確的課程目標與基調，並取得公司或主管認同與支持

　　恭喜你！得到了公司的支持，但困難才剛開始，下一步是如何確立具體明確的課程目標與基調，課程規劃團隊必須不斷腦力激盪，定義課程的目標與預期的效益，這個階段最忌諱「揣測上意」或「閉門造車」，因為最後的結果，根本無法切合組織的需要，甚至違背公司政策。有一次我與一家公司的人力資源部門人員，一起合作規劃一個主管的訓練課程，過程意外的順利，但我不斷地與承辦人員確認這些內容，高階主管是否有足夠的訊息？是否支持？有沒有其他的不同的想法等，承辦人員都向我表示：「應該沒問題！」尷尬的是，最後向總經理報告時，卻發現他的期望根本與人力資源部門人員的理解認知有很大的出入，後面會發生什麼事，大家應該可以想像。

最快且最務實的作法便是大膽假設、小心求證，在擬定課程目標的過程中，一開始便務必邀請高階主管參與討論，設定方向與策略，當然，高階主管通常一開始無法有具體的想法，但他（她）一定會有想法或期望，收集這些資料，大膽的假設與提案，一次、二次，小心地向高階主管求證，你所提出的觀點與理論，是否符合公司的需求，漸漸地，會收斂出具體的方向與目標。更重要的是，由於高階主管從頭到尾的參與擬定的過程，這些結果絕對可以得到主管的支持以及後續行動的承諾。

步驟三：規劃完善的培訓計畫

工作重點

- ☑ 掌握績效與改變才是重點的原則。
- ☑ 計畫需包含後續行動計畫（Follow Up Actions），以促進學習移轉與應用。

掌握績效與改變才是重點的原則

接下來如何以這些具體的需求與目標為前提，規劃一個完善的培訓計畫，可以先思考以下問題：

- ✓ 在這次的課程活動中，最重要也最有價值的一件事是……？
- ✓ 這次課程活動成功與否的關鍵評定基準為何？
- ✓ 如何判定團隊行為的改變？
- ✓ 就績效與生產力而論，三至六個月後，期待有什麼

改變？如何判定？

✓ 藉由這次的課程活動，期望哪些行為能力明顯改善？哪些行為漸漸消失？

✓ 期待形成什麼樣新的行為模式？

什麼樣的培訓計畫，可以讓探索學習活動，對公司或組織產生最大的價值與效益？畢竟，績效與變革的成果才是培訓的重點，而非為了做訓練而做訓練。

計畫需包含後續行動計畫，以促進學習移轉與應用

千萬不能將探索學習視為一次的課程活動，要設法將活動經驗的價值做延伸，才能更有效地促進團體與參與者將課程活動中，所產生的反思與啟發，移轉應用在實際的工作現場。在探索學習活動結束後，可搭配適當的公司內部活動或行動，延伸公司組織內持續改善與變革的動能與氣氛。

步驟四：設定參加對象與人數

工作重點

☑ 確認誰應該參加這次的課程活動。

☑ 掌握學員人數，進行合適的梯次安排。

確認誰應該參加這次的課程活動

根據課程主題與學習目標，安排合適的參加對象。例如有關企業文化價值觀或公司策略相關議題，最好可以邀

請所有主管全程參加，當然，也可依主管的層級與人數來作適切的安排；又如：新人訓練，則只需要邀請新進員工參加，如有需要，主管只需要安排在特定的時段參與活動即可。

掌握學員人數，進行合適的梯次安排

探索學習課程，強調透過體驗的過程，所以學員人數不宜過多。以從事團體訓練工作的角度，一個團體最有效的團體人數為 12~15 人，若學員人數為 60 人，可分成 4 個小團體進行活動。當然，有一些議題或活動，可以大團體的方式運作，但相較於小團體，可達到的目標不同。大團體的人數，最多也建議不要超過 100 人。

步驟五：檢視現有資源

工作重點

☑ 估算需要多少經費。
☑ 掌握需動員的人力及相關內部資源。
☑ 確認外部專業的資源。

估算需要多少經費

用最少的資源，產生最大的效果或產出，永遠是企業管理不變的鐵律。不論哪一種教育訓練方式，都需要動用公司資源，不論是經費還是無形的知識。探索學習課程也需要公司在經費資源上的支持，如：場地、餐點、交通、

住宿、講師費等。對公司組織而言,這是一種投資,期待未來對公司組織的績效表現有貢獻,探索學習課程規劃者,在規劃的過程中,必須不斷地提醒自己以及工作團隊。

掌握需動員的人力及相關內部資源

視課程活動的性質,先定義會有哪些工作,再分類出哪些工作需要由內部工作人員分工執行,哪些工作適合委外。若協助公司舉辦主管戶外冒險領導力訓練活動,如登山、攀樹、攀岩、岩壁垂降、獨木舟等,其相關行政安排、行程記錄可由公司內部工作人員負責,而涉及戶外活動專業技術的專業工作人員(安全教練),則建議由外部專業承辦單位負責。

確認外部專業的資源

根據不同的課程目標與活動性質,可能需要尋求不同的專業協助,針對探索學習課程活動,可以下角度進行評估:

目標評估與建議

✓ 透過匯談,更能清楚定義課程活動的學習目標。

✓ 提供具體且具建設性的建議,協助做最有效的課程規劃。

✓ 在這個領域,具備專業的知識與實務經驗。

✓ 評估的過程,更了解如何規劃管理探索學習課程活動。

課程活動設計

✓ 課程架構規劃完善。

✓ 課程活動內容符合學習目標。

✓ 活動項目與時間安排適切。

引導師的帶領技能

✓ 清楚地說明課程活動的架構、細節與注意事項。

✓ 表現專業。

✓ 對於課程，擁有足夠的專業知識與資訊。

✓ 對所有的參與者，保持尊重友善熱情的態度。

✓ 引導師充分實踐自發性挑戰（Challenge By Choice），有效地管理並尊重參與者的選擇。

✓ 有效地塑造團體開放、支持與輕鬆的學習氛圍。

✓ 以團體完全價值承諾（Full Value Commitment）為榮。

✓ 對參與者的安全保持高度關切。

✓ 有效而精確地觀察與掌握團隊。

✓ 處理衝突與問題能力。

相關器材與教材

✓ 課程教材（講義、投影片）完整清晰。

✓ 活動道具安排妥當且安全。

✓ 高低空繩索課程設施完善安全（詳細內容，請見後續章節）。

步驟六：進行設計，決定活動內容

工作重點

☑　決定設計規劃的方式：自行設計、共同設計，還是委外設計。

☑　確認活動安排符合實際課程目標與需要。

☑　確認活動設計包含臨時備案或雨天備案。

決定設計規劃的方式：自行設計、共同設計，還是委外設計

　　不同的設計規劃方式，需要具備不同的條件，以及不同的考慮點。自行設計：公司內部必須有人熟悉探索學習課程活動的操作與運作，如果可以一手包辦，親自為公司量身打造課程活動，是相當棒的作法，而且「很經濟」，但需要考慮執行時，工作人員與團體或參與者之間的關係與角色扮演，是訓練講師（引導師）、安全教練、部屬、工作人員等；另外，若部分工作需要委外，則需要與該單位進行密切的溝通與分工，以便後續配合執行課程活動。第二種方式是，與外部專業機構共同設計，也就是邀請外部專家提供建議，參與設計與後續執行，相較於前者，這是一個比較折衷的作法，不但可以更順利地將公司內部的需求與目標，融入活動，而且透過外部專家的協助與經驗，會增加課程活動本身的多元性，不論對外部專家，還是主管及人力資源部門人員而言，會創造更多的共同學習機會，需要注意的地方是，規劃者需要精確掌握目標，並

且清楚向外部專家說明整個狀況，過程中，也考驗著外部專家與主管及人力資源部門人員的信任。最後是完全委外設計，規劃者精確掌握目標與需求後，向外部專家說明整個狀況，以高度的信任交由外部專家設計課程活動，完全委外設計課程活動，對公司來說，是最省時的作法，但所需的成本也較高，規劃者只需在設計的過程中，給予回饋與修正，並要求外部專家在時間內完成設計即可。

確認活動安排符合實際課程目標與需要

探索學習規劃者，在設計的過程中，就必須要檢視並修正相關活動內容與時間安排，務必確認最後的結果符合實際課程目標與公司的需要。

確認活動設計包含臨時備案或雨天備案

課程活動的規劃與管理，風險管理通常是比較容易被忽略或漠視的部分，但它卻是課程活動成功與否的最後一道防線。天有不測風雲，準備雨天備案是必需的，免得到時候，天公不作美，讓大家掃興時，卻束手無策。如果因為場地或活動的性質特殊，可以與高階主管討論，當意外或緊急狀況發生時，進行決策的原則與關鍵時間點，例如：「在不危及生命安全的前提下，風雨無阻」或「某時某分前，如果 A，就進行 X；如果 B，就進行 Y」等。

步驟七：行前準備

工作重點

- ☑ 召集工作團隊與分工。
- ☑ 建立課程專案工作時間表。
- ☑ 召開相關溝通會議。
- ☑ 公告課程相關重要資訊。

召集工作團隊與分工

　　執行探索學習課程可能有許多準備工作，課程規劃者需儘快定義工作屬性與內容及所需工作人力，召集工作團隊，向他（她）們說明課程任務的目的與預期達到目標，以及參與活動的對象，提供所有課程活動的內容與時間安排，讓工作團隊對整體課程活動有完整的了解與共識。明確定義每一位工作人員的角色與任務職責，務必讓所有工作人員對課程活動賦予高度承諾。

建立課程專案工作時間表

　　如果準備的事項和工作繁瑣，建議與工作團隊共同設定準備工作時間表，清楚定義每一項工作的負責人，以及預計完成的日期時間。

召開相關溝通會議

　　準備的過程中，除定期召開會議確認準備工作進度

外，當發現工作人員有任何不清楚或疑慮時，應隨時以各種方式，如：電話、電子郵件、臨時會議等，儘速釐清疑點，讓工作團隊可以繼續進行他（她）們的工作。

公告課程相關重要資訊

於課程活動開始前，課程規劃者需事先整理課程相關重要資訊，如：課程活動名稱、目的、參加對象、時間、地點、交通、住宿、服裝、課前讀物、分組資料、行程與時間安排、聯絡窗口及電話、緊集聯絡人及電話、保險等資訊，提供給學員作參加前的準備。

步驟八：執行課程活動

工作重點
☑ 記錄與觀察。
☑ 持續與引導師保持互動。

記錄與觀察

執行課程活動時，除了執行行政相關工作外，更重要的是，進行課程的記錄與觀察。這些資料都可能是未來後續行動的重要資源，包含後續的組織、制度、教育訓練、管理流程等。不同的課程議題，主管與人力資源部門人員觀察的程度，有所不同。如為一般的休閒活動，那麼主管與人力資源部門人員可以輕鬆的心情來面對；如果是一般性質的教育訓練，那麼主管與人力資源部門人員，可以記

錄與觀察課程內容對學員的影響，以及對公司的幫助，作
為下一次課程規劃的參考；如果涉及特定目的，如：組織
發展、文化價值觀、變革行動等，那麼主管與人力資源部
門人員，必須全心投入課程，進行記錄與觀察，思考接下
來應如何協助公司組織完成任務。

持續與引導師保持互動

　　團體的互動與發展，永遠無法如預期的進行，勢必會
發生一些有趣的變化，這些變化不是壞事，因為這些才是
真正屬於團體與參與者的共同具體經驗，為了達到課程目
標，並兼顧每一位參與者不同的需求，有可能必須不斷調
整課程活動，過程中，隨時將你的觀察回饋給引導師，與
引導師共同討論如何因應這些狀況。

步驟九：後續行動計畫與承諾

工作重點
☑　確認主管的承諾與影響力。
☑　執行後續行動計畫。
☑　不斷溝通，保持彈性持續調整，以確保持續改善。

確認主管的承諾與影響力

　　如果課程涉及文化價值觀、團隊發展或領導力等主
題，要讓企業現況得以改善，或達到預期的目標，必須有
足夠的「變革領導力」，也就是主管對整個計畫的支持與

參與，只要涉及「變革」的議題，主管不能袖手旁觀，認
為這是人力資源部門的工作，主管也必須承擔一半以上的
責任。「變革」需要不斷地運用影響力，舉辦探索學習課
程活動，就像在平靜的湖面，投下一顆石頭，引發一連串
的漣漪，但時間久了，湖面還是會回復平靜，一切回到原
點。要產生持續性的改善，主管必須與人力資源部門並肩
作戰，必要時，結合外部的資源，在課程活動順利落幕
後，持續地在公司組織內，展開原本已規劃好的後續行
動，不斷向湖面投入石頭，延續並強化這些影響力。

執行後續行動計畫

對於公司舉辦的探索學習課程活動，有些主管或參與
者，會以觀望配合的態度面對活動，心裡想著「這次公司
是玩真的？還是炒炒氣氛？過二天就沒事了？」課後，課
程規劃者需配合公司的需要，確實執行後續行動計畫，可
以強化組織內持續改善與變革的使命感與動能。

不斷溝通，保持彈性持續調整，以確保持續改善

後續行動計畫需保持彈性，課程規劃者需不斷與高階
主管溝通確認策略與方向，以符合實際公司狀況與需要，
否則，容易造成公司內部的困擾，甚至無法得到主管及同
仁的支持。

探索學習企業培訓的台灣經驗

　　探索學習在台灣的應用相當的多，在這裡介紹的部分，僅止於我在這幾年企業培訓的實務經驗，針對以下四大常見的議題，作分別的介紹，但實際的課程設計與內容，基於尊重客戶及公司的機密和權益，便不作詳細說明或分享。

文化價值觀

　　企業組織就像一個有機體，有解決問題與謀生的能力，擁有自己的生命力，企業或組織文化，簡單的說，就是一群人想事情和做事情的方式與價值觀。暫且不以不同國家的國情文化來談，光是在台灣的企業組織，公司之間就存在著不同的企業文化，如果再加上產業特性的不同，所衍生及營造出來的公司文化氣氛，更為多元，這其實是一件好事。但因為公司購併或併購、組織或制度變革、策略聯盟或合作、主管異動、新進員工等因素，會造成公司或組織內部，一群人一起合作工作，卻有「1＋1並不等於2」的狀況，一部分的原因，就是因為每個人對事情都會有不同的想法、不同的習慣與成功經驗，若要讓大家齊心一致，有效率地在有限的資源與時間內，完成任務，達到公司組織的目標，需要用一點心思與時間，讓大家暫時把

工作放下，聚在一起互動討論，應該如何合作，把工作做好，不但能達成團隊的任務，也能得到自己所想要的。探索學習課程活動，便是在塑造這種輕鬆、開放、互相尊重與信任的學習氣氛與環境，讓公司組織的每一位成員，透過活動與引導，促進團體探索出一個彼此認同且承諾的價值觀與原則，一起工作。

文化價值觀，乍聽之下，似乎是一個很大、很嚴肅的議題，好像難以接近，但其實它卻無處不在。例如，公司內部的「變革行動」，新的策略所形成的文化價值觀，往往會引發公司內部「保守派」的主管及員工對過去舊有的習慣與態度的保衛戰，這都需要不斷地溝通，與對彼此的理解。在台灣的企業培訓中，有一些公司會將文化價值觀的議題，放入公司或部門的工作坊或內部會議、營隊活動或新進人員訓練課程當中，以促進全公司對文化價值觀的認同感。

團隊建立與發展

文化價值觀的議題與團隊建立與發展緊密相連，而團隊建立與發展更著重在團隊成員彼此之間的角色扮演、互動行為及信任關係上。在這個主題上，我想有經驗且資深的主管或人力資源部門人員，都了解一點，公司部門的團隊建立，必須得靠部門主管親自的帶領與管理，才是最關鍵且重要的，這也是身為「管理者」主管的必修學分，人力資源部門或任何外部資源，只能從旁協助，這是一個大

前提。

　　探索學習可以協助的是，透過活動的安排與引導，團隊成員必須像在一起合作工作一樣，在課程活動中，解決問題、作決策及相互信任與支持，藉著一連串的活動經驗與反思討論，讓團隊與參與者覺察，該如何與成員合作，該有哪些行為及作法。在實務的操作上，可分為二個層次，第一，是「基本的團隊建立」（Basic Team Building），主要的目標是提供參與者關於「什麼是團隊？」及「如何建立團隊？」等相關知識、資訊與技能的學習；第二種層次，我稱之為「發展性團隊建立（Developmental Team Building）或團隊發展」，其主要重點不再是那些知識或技能，對主管或部屬而言，那些都是「早就學會」的知識或常識，但不見得在實際的工作上可以實踐。「發展性團隊建立（Developmental Team Building）或團隊發展」，強調的是，協助團隊建立共同認同的「團隊行為規範」，塑造信任支持的團隊氣氛，並透過目標設定的過程，將學習過程與每位團隊成員緊緊相連，落實於真實的團隊合作與互動。許多主管回饋這樣的設計與安排，的確讓部門團隊的互動、氣氛變得更好了。

　　團隊建立與發展的議題，之所以會不斷地被主管或人力資源部門提及的原因是，團隊合作已是現在企業組織運作產生績效的必要條件。在公司組織內建立與發展高績效團隊，對每個企業組織而言，是當務之急，刻不容緩的工作。

領導力

　　在多變的時代，領導者的角色與能力顯得格外重要，有一句英文這麼描述著：「Leadership is about dealing with change」。這對需要不斷因應客戶需求、產業競爭與世界脈動，而不斷創新求變的企業組織而言，領導者的培訓與養成，更是企業會投下大量時間與資源的重要工作。當然，領導力的訓練有非常多的方式，但基本上，必須經過知識技能的學習，以及親身帶領的體驗。探索學習的課程活動中，有許多困難與挑戰，都需要一位領導者，來帶領團隊，解決問題以及進行決策，可以讓參與者將所學的領導知識與技能，實際地運用在活動過程中。這種體驗式領導力的學習方式與實際在公司的部門帶領，有什麼差異？平心而論，讓主管或領導者，在實際的部門與專案帶領上，透過實戰經驗以及直屬主管的指導，這是最好也最實際的方式，但對公司組織而言，必須要有讓新任主管或領導者練習失敗的機會，從中調整學習自己的管理方式，而所付出的代價，可能是專案的不順利、產品的品質、客戶的抱怨，甚至影響訂單。但探索學習的環境是可以被創造出來的，讓參與者沉浸在成為領導者的情境當中，即便是過程當中，出了狀況，也不會有太大的損失，頂多活動重來一次，但參與者必須理解與覺察，那樣的行為態度，如果發生在真實的工作上，所造成的影響與損失，將遠遠超過活動的失敗經驗，甚至造成不可挽回的後果。前提是，

參與者必須願意以開放的心態，投入參與探索學習課程，進而從團體活動互動與引導討論過程中自發性的學習。

其他議題

除了上述這些議題外，當然還有其他不同的需求，如：企業希望員工具備「顧客導向」的最高指導原則，不論是對公司外部或是內部的顧客，最常遇到的是，在中國大陸設廠的企業，希望拉近台灣與中國大陸員工因不同社會背景與經驗，所造成文化差異，讓雙方更以開放、尊重的態度一起合作工作，彼此學習，以降低公司內部因不同文化而產生管理上的困擾。而有些企業則希望透過探索學習的過程，讓員工們理解，需隨時保持危機意識，不斷學習與改變，以因應外部的競爭與變化，而促使員工更積極主動學習，並且對工作投入更多的熱情等，這些都是過去一些企業組織經常面對的議題與困擾，而探索學習課程活動，可以是主管或人力資源部門人員，在協助企業組織改善這些問題的選擇之一。

高低空繩索場地簡易評估 DIY

由於探索學習近十年在台灣的發展，有愈多的專業人士投入這個領域，促進了探索學習領域多元性的發展，其中也包含了高低空繩索活動場地的架設與經營，這是一種

對探索學習肯定的發展趨勢，象徵了客戶對探索學習課程活動，已不同於以往，需要有更多不同性質的活動，來協助團體與參與者的學習；另一方面，也表示愈來愈多的客戶，期望透過探索學習課程活動，解決更多元的議題，這都是對探索學習信任與依賴的結果。

　　探索學習的高低空繩索活動，更需要注意安全。雖然台灣的探索學習發展快速，但目前仍無相關標準或法規來要求相關場地設施的安全規範，也無一具公信力的政府組織或民間機構來監督或輔導相關的安全議題，這是下一步需要努力的地方。一位成功的探索學習規劃者，必須要具備基本評估及檢查的能力，來過濾分辨市面上林林總總的高低空繩索場地，避免不肖業者以危險、低廉的設施提供團體與參與者進行活動，讓他（她）們曝露在高危險當中，那探索學習（Adventure Learning）就真的變危險了，而這並不是探索學習一開始的目的與初衷。

　　若台灣無法可循，我們就必須藉助國外的經驗，來補強這個部分。自 1993 年以來，美國陸續成立了關於高低空繩索活動與設施架設的民間機構——美國繩索挑戰課程技術協會（The Association for Challenge Course Techonology，

簡稱ACCT）及美國專業繩索協會（Professional Rope Course Association，簡稱PRCA），即針對繩索設施的架設安裝、檢查機制、安全操作及活動帶領的道德議題，開始設定了一些規範，企圖提升相關專業人士與業者，對安全的覺察與重視，甚至提供美國政府制定國家安全標準（ANSI）之重要參考依據。在這個章節中，我並不打算一一介紹這些內容，如果大家有興趣，可逕自透過你熟悉的專家顧問或網路取得這些資料，我只針對一些重要的事項，提供大家未來規劃相關活動時，一個簡單容易上手且實務的評估檢查方式。

柱子

台灣環境潮濕，不像美國較為乾燥的氣候環境，柱子的安全性，格外需要注意。台灣的場地擁有者會因為預算及不同的使用習慣，選擇不同材質的柱子，有台灣訂製的水泥柱、鋼柱，也有國外進口經防蝕防腐處理〔Chromated Copper Arsenate（CCA）Treatment〕的木柱，它們都是安全的材料，差異在於，面對不同材質，就會有不同的架設施工，會局部影響設計。

檢查重點：

☑　請業者出示相關應力（尤其是橫向剪力）規格安全檢驗文件。若為木柱，需增加防蝕防腐處理相關文件。

☑　若為木柱，不得有超過手掌厚的裂縫或局部腐爛

的狀況。

☑ 請了解其立柱方式是否安全？若為木柱，請注意
臨近地面根部是否腐蝕？

☑ 是否為柱子設置「輔助鋼索」（Guide Cable）？
以平衡減輕活動過程中，因擺盪而產生的應力。

鋼索

除了柱子之外，鋼索是另一個重點，繩索場地所使用
的鋼索夠不夠安全，足以承受上千公斤的拉力，以及鋼索
的連接的方式適不
適當等。課程規劃
者對這個部分必須
花更多的時間與心
力去了解相關細
節，因為鋼索的安
裝與連接直接涉及
參與者的人身安
全，不可不小心。

確保參與者人
身安全的系統，稱
為確保系統（Belay
System）包含了鋼
索、鋼索咬緊器
（Strandvises）、

滑輪組（Pulley）及摩擦器（Shear Reduction Device）（如圖 9-1）。由於繩索設施的架設施工，有許多不同的作法，如：有些建設者不使用鋼索咬緊器，而直接以鋼索夾（Cable Clips）連接固定鋼索（如圖 9-2）。

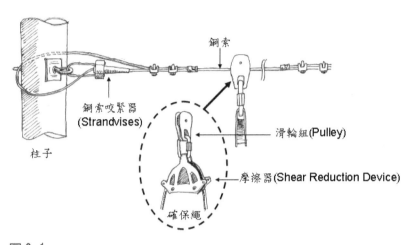

圖 9-1
確保系統（Belay System）示意圖[1]

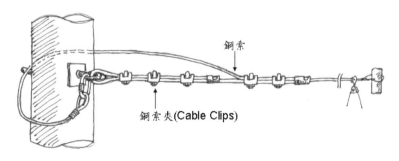

圖 9-2
不使用鋼索咬緊器（Strandvises）的確保系統（Belay System）示意圖

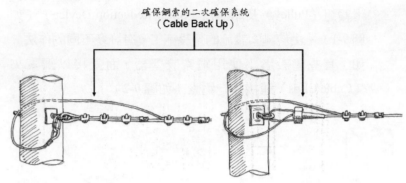

圖 9-3

確保鋼索的二次確保系統（Cable Back Up）①

　　確保系統中較為脆弱的部分，就是固定鋼索的鋼索咬緊器或鋼索夾，因為當確保鋼索受力時，鋼索咬緊器或鋼索夾所承受的能量很大，也可能會因為這些零件年久疲乏脆裂，而發生鋼索咬緊器滑脫或鋼索夾崩裂的狀況，所以，須確保鋼索有二次確保（Back Up）的設計（如圖 9-3），也就是說萬一固定確保鋼索的鋼索咬緊器或鋼索夾失效時，會有第二次的安全確保，以避免整個確保系統突然失效。

　　另一個較脆弱的部分是滑輪組的固定組件，可能會因為氣候潮濕及長期曝露而鏽蝕（如照片），需格外小心。場地擁有者必須定期檢查維護，

鏽蝕的滑輪組件

甚至更換這些零組件。以個人的實務經驗，強烈建議探索
學習規劃者會勘場地時，可以攜帶一支望遠鏡，以便觀察
這些設施的狀況。

　　檢查重點：

☑　請業者出示相關應力規格安全檢驗文件，可承受
　　最大拉力為 5,000kgw 以上。

☑　鋼索不得生鏽，需使用航空級 7×19 鍍鋅或不鏽
　　鋼鋼索，不可使用棉心鋼索（可檢視鋼索的斷切
　　面）。

☑　確保鋼索有沒有二次確保設計？

☑　固定鋼索的鋼索夾是否安裝妥當？

☑　滑輪組的固定組件狀態是否良好？

活動腹地

　　台灣地小人稠、寸土寸金，大面積的土地取得，並不
容易，而繩索場地卻需要足夠的場地，來興建相關硬體設
施，提供活動相關需要，所需的資金成本相當可觀。

　　檢查重點：

☑　地面是否平坦？安全？所有活動設施必須架設於
　　水平地面。

☑　是否有充足而安全的地面空間？提供團體進行確
　　保或活動。

☑　是否有安全警告標示？

☑　地面的輔助鋼索（Guide Cable）會不會對其他地

面活動的安全造成潛在的威脅？

安全裝備與管理

進行高空繩索挑戰活動時，繩索場地需提供最完善的個人安全裝備、相關安全的訓練教學及安全管理，以確保活動進行中所有參與者的安全。

檢查重點：

☑ 場地是否提供符合 UIAA/CE 國際組織安全認證的所有個人裝備，包含頭盔、吊帶、安全繩（確保繩）、帶鎖鉤環、相關扣件等裝備？

☑ 場地使用的每一件吊帶、每一條安全繩（確保繩）及帶鎖鉤環，是否有個別的使用紀錄，以追蹤其安全使用次數與年限，並且定期更換？

☑ 所有裝備是否清潔、完好，沒有破損？

☑ 場地是否定期進行所有硬體設施的安全檢查？請業者提供相關證明文件。

☑ 業者是否定期舉辦內部訓練，包含緊急救難技術與檢定？請業者提供相關證明文件。

☑ 場地工作人員是否具備基本急救技能與訓練？請業者提供相關證明文件。

☑ 場地是否設置簡易醫療服務，如：急救箱、醫務室等？

☑ 業者是否設置緊急狀況處理程序與醫療網絡，且場地的工作人員是否都熟悉所有作業流程？

☑　場地是否有意外保險？請業者提供相關證明文件。

以上這些提醒，只是所有高低空繩索場地架設與管理的一小部分，其他還包含許多材料與扣件的規格、施工設計與架設的安全規範、平時的維護保養，以及其他安全管理上考慮等。大家千萬不可以為做到以上的標準，就是安全無慮的場地，針對更多的細節，大家如果有興趣，可再作進一步的資料收集與研究。但若連以上這些最基本的安全管理工作，都有缺失或根本未落實，我強烈地建議，趕快更換你的繩索活動場地，以確保參與者的人身安全。

結語

成為成功的探索學習規劃者，其實並不難，只要依照上述的原則和步驟，按部就班地安排規劃，監控每一個階段與步驟的狀況，作適時的修正，就能讓探索學習對您的企業組織作出一些貢獻。當然，在此再次提醒，探索學習課程的規劃與執行，也需要體驗的學習，從「做中學」，探索學習課程畢竟是一個非常講求「實務」的學習工具，沒有絕對最好或最標準的作法，唯有透過規劃者對企業組織需求的掌握，以及不斷溝通、學習與修正課程安排的方向與內容，才能做出「最適合」你的企業組織的探索學習課程活動。

注 釋

① *Challenge Course Standards Fifth Edition January 2002*（pp.7-13）, The Association for Challenge Course Technology（ACCT）.

第十章

如何提升團隊帶領及引導技能？

有時候和一些在台灣從事探索學習服務的朋友談到，在如此缺乏中文資料的情況下，要如何提升自己的帶領能力？甚至培訓一位新的引導師？

難道都得走我們過去的路——學好英文，不斷地出國參加訓練課程與自我學習？出國參加課程自然是很好的學習方式，但相對的，也需要投入一筆不小的資金。同時，我也一直不斷地提醒希望成為引導師或講師的朋友，千萬不能有「參加完國外的公開班課程（Workshop），就可以順利地成為引導師或講師！」的迷思。要成為一位合格且成功的探索學習引導師是一條漫長的路，除了不斷參加訓

練課程外，還有許多學習的功課要作。在我學習的過程中，也不斷地請教美國 PA 有關如何培訓一位新的引導員的經驗，以下為個人針對培訓一位探索學習引導師的建議，提供大家作為參考。

如何培訓一位探索學習引導師？

　　培訓一位探索學習引導師，可以分為以下幾個階段，每一個階段都有其目的與目標：

階段一：參加公開班課程

　　對探索學習一無所知的新人而言，直接接受活動帶領及引導訓練相關課程，是揠苗助長的作法，不但不會有好的成果，而且可能會造成後續因「不知所以然」，而導致不可挽回的後果。一開始，可以讓新人參加國外或國內開辦的探索學習公開班課程，目的是讓新人實際體驗探索學習的情境與學習氣氛，透過與團體的互動及活動經驗，深刻地理解探索學習背後所深藏的哲學價值觀與理論背景，光是這個目的就需要花不少時間，讓新人有充足的時間，實際體驗與反思，藉此，更理解探索學習所扮演的角色，將有助於後續的學習。

　　學習目標：

　　☑　體驗探索學習體驗活動，包含高低空繩索挑戰活

動。

☑　體會探索學習基本哲學價值觀與理論基礎，如：
自發性挑戰（Challenge By Choice）、完全價值承
諾（Full Value Commitment）及經驗學習循環（Ex-
perietial Learning Cycle）。

☑　課程規劃與設計概論。

☑　進階引導技能與活動。

☑　學習如何協助團體與參與者設定目標。

☑　高低空繩索挑戰活動安全操作。

☑　基礎高空救難技術訓練。

備註：以上學習目標並非為同一公開班課程內容，不同的公開班課
程有不同的目標。

階段二：擔任助理引導員

第二階段是擔任公開班課程或企業服務的「助理引導
員」，透過一位資深引導師的指導，協助新人透過從旁的
協助與觀察，了解課程規劃與執行的運作過程，也就是為
新人揭開探索學習神秘面紗的第一步。在這個階段，新人
與資深引導師的互動非常重要，資深引導師必須為新人設
定在整個協助公開班課程或企業服務進行的過程的學習目
標，包含工作內容、每一次不同的觀察記錄要點、每日課
後的研討，以及共同參與部分的課程規劃與設計。

學習目標：

☑　熟悉探索學習課程規劃與執行的步驟與流程。

☑　熟悉課程活動執行時，所需的準備工作，包含教材、器材、裝備、繩索場地設施及會議室安排等。

☑　將理論化為實務，學習針對不同學習目標與團體，如何安排課程活動與團體帶領。

☑　全力配合協助資深引導師的帶領工作。

☑　學習如何觀察團體與參與者，並學習記錄。

☑　透過資深引導師的指導，可開始帶領簡單的暖身或破冰活動，體驗團體的動力。

階段三：與資深引導師協同帶領團體

　　新人經過上述二階段的訓練與洗禮後，對於各種活動的帶領、基本的引導技能及課程規劃與執行，有了初步的學習，打下紮實的基礎，接下來，該是新人上場初試身手的時候了。第三階段，安排新人與資深引導師協同帶領（Co-Leading），將之前所作的功課與努力，化為設計與帶領的實務，實際展現驗收學習的成果，不斷透過與資深引導師密切合作，以及資深引導師的回饋建議，修正自己帶領技巧與領導風範，這個階段將是新人相當關鍵的蛻變成長期。由於帶領經驗不多，對自己缺乏信心，容易感到挫敗，資深引導師在指導新人的安排與目標設定上，讓新人面對壓力與挑戰之餘，為新人創造一些成功的帶領經驗，多一些關心與鼓勵，畢竟，探索學習團體帶領的技能，是需要透過實際的體驗與練習累積出來的能力，並非一蹴可幾，資深引導師需時時提醒新人需以耐心、恆心與

信心，來面對未來的學習與挑戰。

　　學習目標：

☑　將理論化為實務，學習如何針對不同學習目標與團體，安排適當的課程活動與團體帶領。

☑　與資深引導師合作帶領團體，進行活動與引導討論。

☑　檢討與反思，學習進階的活動帶領與引導技能。

☑　熟悉與團體互動，掌握並適當地運用團體動力。

階段四：獨自帶領團體

　　從第一階段到第三階段，是一條漫長的學習之路，至少需要花上幾年的時間，這個時候，新人已逐漸蛻變成長，變成一位新任的引導師，經過長時間的觀察與練習，以及不斷的反思沉澱，對探索學習有著深刻的認識與信仰，同時，也具備良好的技能與態度，最後，是需要更積極面對不同團體、不同學習目標，累積經驗與多元發展的階段，以發展出最適合自己的領導風範與風格。這個階段一開始，資深引導師仍會在旁邊觀察，並於課後給予建議與回饋，但自此之後，將是沒有時間表的自我學習與修練。

　　學習目標：

☑　獨自完成所有評估、設計與課程執行。

☑　檢討與反思，學習進階的活動帶領與引導技能，發展出適合自己的領導風範與風格。

☑　開始運用創意，促進團體的互動與學習。

　　一般人會誤以為探索學習引導師的培訓，以「師徒」口授相傳，師父操作、學生照做的方式為最好的訓練方式，這其中有二件事是被忽略的：其一，師父與學生的個性、經驗、背景不同，一味的複製學習，只會造成反效果，更限制了新人的發展；其二，一位引導師能力的養成，並不能完全依賴實戰的「體驗式學習」，還有許多重要的知識或資訊需要學習與沉澱，所以，探索學習引導師的培訓，需要嚴謹的設計規劃，發展完整的學習發展藍圖（Road Map），內容除了包含體驗學習的實戰練習外，亦需包含認知的學習，如：閱讀專業書籍、研究報告或相關書籍等。

探索學習技能的認知學習

　　在我過去自我學習的過程中，下列三個作法是我個人覺得相當有幫助的方式，提供大家作為參考：

書中自有解答

　　在帶領團體應用理論的過程中，難免會遇到困難或疑問，奉勸大家，千萬不要放棄讓自己成長學習的機會，白白浪費，不要逃避問題，一定要想辦法找到問題的癥結，並且找到解決與因應之道。事實上，美國一些相當資深的專業人士學者，在他們過去帶領的經驗中，早就遇到類似

的狀況，而且有了答案，並將這些珍貴的經驗，一字一句的寫了下來，可以給我們許多啟發與提醒。也許讓你困擾以久的問題，在書裡面早就有了答案。平日多騰一些時間，閱讀書籍資料，百益無害，免得以後有「書到用時方恨少」的遺憾。

公開班（Workshop）的激盪

　　不定期參加一些國內外的公開班課程，因為參加者都來自四面八方，將他們遇到的問題及困惑，帶到公開班來，透過與團體的互動及過程中的覺察反思，向大家請教學習問題，探索出最適合自己的答案與作法。這種開放、信任的學習氣氛，有助於引導師的自我沉澱。你可選擇適合的主題，例如，以高低空繩索活動安全操作及救難為主題的公開班，或以進階引導討論技術與活動為主題的公開班等，都對引導師的自我學習有很大的幫助。但我更想建議的是，盡量在參加公開班課程之前，事先作一些功課，你會得到許多意想不到的收穫。

研討會的交流

如果可以的話，可以安排參加一些國際性的研討會，如每年美國體驗教育協會（The Association for Experiential Education，簡稱AEE）舉辦的體驗教育年會，連續四天的會議與分享報告中，有各種與體驗學習相關不同的主題與應用，當然也包含了目前最新的發展與議題；另外，美國繩索挑戰課程技術協會（The Association for Challenge Course Techonology，簡稱ACCT），每年舉辦的研討會，也會安排繩索課程活動及設施架設與管理的相關議題。不論哪一個研討會，內容都相當豐富，一到會場，幾百位來自世界各地的參加者，以及排得滿滿的分享講座，會讓你突然無所適從，我建議大家在參加前，先設定自己的學習目標與資料收集的方向，才能有效地利用時間。另外，這些研討會也是認識新朋友的好機會，可以作為日後請教學習，甚至合作的人脈資源。

結論

　　提升探索學習領導技能的過程中，最忌「自我設限」與「閉門造車」，在此我鼓勵所有對探索學習活動帶領有興趣的朋友，以更開放的心胸與積極的態度來學習，除了以實戰經驗學習外，有時候，不妨停下來，看看書中別人的經驗，或聽聽別人的帶領方式與想法，不但可以增廣見聞，而且可以增進課程設計與活動帶領的多元性。平日可養成作筆記的習慣，將聽到、看到、想到的重點，記錄下來，也很有幫助，亦可規劃「自我學習計畫」，按進度要求自己不斷學習，內容除探索學習領域外，可以多多閱讀其他領域的專業理論與實務，最好有資深的引導師或工作夥伴從旁協助，共同研討，效果更好。

　　多年前一位從事團體工作的前輩，送給我一句話，對我影響深遠：「要成為令人欽佩的探索學習領導者，要追求的是，探索學習的『厚』跟『實』！」與大家共勉之。

國家圖書館出版品預行編目資料

探索學習的第一本書／吳兆田著.
—初版.—臺北市：五南, 2008.03
面；　公分
ＩＳＢＮ 978-957-11-4490-0（平裝）
1. 在職訓練
494.386　　　　　　　　95017334

1FPR

探索學習的第一本書

作　　　者	－	吳兆田(61.3)
發 行 人	－	楊榮川
總 經 理	－	楊士清
主　　　編	－	侯家嵐
責任編輯	－	侯家嵐　雅典編輯排版工作室
封面設計	－	陳卿瑋
出 版 者	－	五南圖書出版股份有限公司

地　　　址：106台北市大安區和平東路二段33
電　　　話：(02)2705-5066　傳　真：(02)27
網　　　址：http://www.wunan.com.tw
電子郵件：wunan@wunan.com.tw
劃撥帳號：01068953
戶　　　名：五南圖書出版股份有限公司
法律顧問　林勝安律師事務所　林勝安律師
出版日期　2006年10月初版一刷
　　　　　2017年 9 月初版六刷
定　　　價　新臺幣320元